高等院校生物类专业系列教材

基因工程

EXPERIMENTS IN GENETIC ENGINEERING

实验

主　编　陈蔚青

副主编　刘晓侠　柴　惠

U0277050

ZHEJIANG UNIVERSITY PRESS
浙江大学出版社

图书在版编目（CIP）数据

基因工程实验 / 陈蔚青主编. —杭州：浙江大学出
版社，2014.9（2024.1 重印）
ISBN 978-7-308-13806-2

Ⅰ．①基… Ⅱ．①陈… Ⅲ．①基因工程—实验—教
材 Ⅳ．①Q78－33

中国版本图书馆 CIP 数据核字（2014）第 204235 号

基因工程实验

陈蔚青　主编

策划编辑　季　峥（zzstellar@126.com）

责任编辑　季　峥　冯其华

出版发行　浙江大学出版社
　　　　　　（杭州市天目山路 148 号　邮政编码 310007）
　　　　　　（网址：http://www.zjupress.com）

排　　版　杭州林智广告有限公司

印　　刷　广东虎彩云印刷有限公司绍兴分公司

开　　本　787mm×1092mm　1/16

印　　张　8.5

字　　数　210 千

版 印 次　2014 年 9 月第 1 版　2024 年 1 月第 5 次印刷

书　　号　ISBN 978-7-308-13806-2

定　　价　23.00 元

内 容 简 介

　　本教材介绍了基因工程的基本操作技术与实验手段。内容包括基因组 DNA 的提取,质粒 DNA 的提取,总 RNA 和 mRNA 的分离提取,核酸和蛋白质的凝胶电泳,DNA 扩增和 cDNA 文库的构建,限制性内切酶的酶切反应,重组质粒的连接、转化及鉴定,大肠杆菌感受态细胞的制备,Southern 印迹杂交,Western 印迹杂交,外源基因在大肠杆菌中的诱导表达,基因表达产物的检测分析和分离纯化等技术。书末附有基因工程操作中常用的溶液和缓冲液、基因工程实验室常规仪器设备等资料。

　　本教材本着实用、可行的原则进行内容设计,涵盖了基因工程的常用实验方法和技术,并吸收了近年来发展起来的新技术和新方法,内容具有普及性与连贯性,且通过综合性实验的设计以培养学生的科研能力。本教材主要面向生物工程、生物技术专业应用型本科学生,既可作为实验教材,也可作为基因工程实验教学的参考书。

前　言

基因工程作为现代生物技术和生命科学的基础与核心技术,已经渗透到与生命科学相关的各个领域,在基础研究和生产实践中发挥着重要作用。基因工程及其实验技术成为高等院校生物工程、生物技术及相关专业的基本教学内容。基因工程作为一门理论性与实践性并重的学科,基因工程实验是其必不可少的教学组成部分。

本教材由浙江树人大学、浙江中医药大学和嘉兴学院等高校的教师联合编写。教材本着实用、可行的原则进行内容设计,涵盖了基因工程的常用实验方法和技术,并吸收了近年发展起来的新技术和新方法,内容具有普及性与连贯性。教材主要面向生物工程、生物技术专业应用型本科专业学生,因此具有重点明确、简明扼要、基础与综合能力培养兼顾的特点。教材将基因工程的基本实验方法与最新研究方法有机结合,融入教师多年实验教学经验。通过本实验课程的学习,可使学生掌握基因工程的基本实验方法,并培养研究设计能力和综合应用能力。

本教材分为六章,第1~5章为基础性实验篇,第6章为综合性实验篇。基础性实验篇内容包括基因组 DNA 的提取,质粒 DNA 的提取,总 RNA 和 mRNA 的分离提取,核酸和蛋白质的凝胶电泳,DNA 扩增和 cDNA 文库的构建,限制性内切酶的酶切反应,重组质粒的连接、转化及鉴定,大肠杆菌感受态细胞的制备,Southern 印迹杂交,Western 印迹杂交,外源基因在大肠杆菌中的诱导表达,基因表达产物的检测分析和分离纯化等实验技术和手段。第6章内容为工程菌的构建、培养与目的产物的分离纯化,是综合性应用基因工程实验技术的系列实验。通过该章实验教学,使学生能够将基因工程基本实验技术融会贯通,同时也培养了学生思考问题的系统性和全面性,锻炼学生实验设计的能力。

对于本教材中的实验,使用者可以根据各自的实验条件和课时数进行选择。在实际教学时,针对不同层次、不同学时数的要求,既可以集中时间连续进行,也可以分成多次实验阶段性完成。本教材的部分实验提供了多种可供选择的实验方法,以便各高校根据自身情况安排。本教材强调了实验中的注意事项,还对与实验相关的内容进行评述。为了便于读者进行基因工程实验操作及查阅相关资料,本教材将常规培养基与试剂的配制、常用抗生素、常用缩略语、常用实验仪器设备等资料在附录中列出。

　　本教材由浙江树人大学陈蔚青主编,参与本教材编写工作的有浙江中医药大学柴惠、金波、张林老师,嘉兴学院刘晓侠老师和浙江树人大学陈虹老师,最后由陈蔚青统稿。

　　本教材得到浙江省"十一五"重点教材建设项目资金资助;本教材的出版得到浙江大学出版社和浙江树人大学的大力支持;陈旭博士在教材的文字校对、图片拍摄等工作中作出了积极贡献。在此一并表示衷心的感谢。

　　由于我们水平有限,遗漏、缺点和错误在所难免,恳望批评指正。

编者

2014 年 3 月

目 录

基础性实验篇

综合性实验篇

基础性实验篇

第 1 章

核酸的分离与纯化技术

核酸的分离与纯化技术是基因工程的一项基本技术。核酸的分离主要是指将核酸与细胞中的蛋白质、多糖、脂肪等生物大分子物质分开。在分离核酸时应遵循的基本原则是：保证核酸分子一级结构的完整性，去除其他分子的污染。

实验 1.1　基因组 DNA 的提取

【实验目的】

掌握基因组 DNA 的提取方法，制备高质量的植物、动物或微生物基因组 DNA，用于 PCR 扩增和构建基因组文库、Southern 印迹杂交等基因工程实验操作。

【实验原理】

生物体的大部分或几乎全部 DNA 都集中在细胞核或拟核区，主要与蛋白质共存。不同生物（植物、动物、微生物）的基因组 DNA 的提取方法有所不同；不同种类或同一种类的不同组织因其细胞结构及所含的成分不同，分离方法也有差异。在提取某种特殊组织的 DNA 时，必须参照文献和经验建立相应的提取方法，以获得可用的 DNA 大分子。尤其是组织中的多糖和酶类物质对随后的酶切、PCR 反应等有较强的抑制作用，因此用富含这类物质的材料提取基因组 DNA 时，应考虑除去多糖和酚类物质。

一般而言，提取基因组 DNA 可分两步：首先是裂解细胞，释放出基因组 DNA；然后是去除蛋白质、RNA 以及其他的生物大分子杂质。

基因组 DNA 在体内通常都与蛋白质相结合，蛋白质对基因组 DNA 的污染常常影响到后续的 DNA 操作过程，因此需要把蛋白质除去。一般采用苯酚/氯仿抽提和加蛋白酶的方法去除。苯酚、氯仿对蛋白质有极强的变性作用，而对 DNA 无影响。用苯酚/氯仿抽提这一方法对于去除核酸（无论是 DNA 或 RNA）中大量的蛋白质杂质是行之有效的。少量的或与 DNA 紧密结合的蛋白质杂质可用蛋白酶予以去除。基因组 DNA 中也会有 RNA 杂质，因 RNA 极易降解，少量的 RNA 对 DNA 的操作无大影响，一般无需处理，必要时可加入不含 DNA 酶的 RNA 酶以去除 RNA 的污染。

随着现代分子生物学的发展，DNA 分离技术也层出不穷，DNA 已经可以从化石、木乃伊等极端材料中分离出来,也可以从痕量材料中获得。无论是什么材料,针对不同的材料来源和特点,调整、设计相应的提取缓冲液及不同的技术方案是十分重要的。提取缓冲液的成分应根据分离对象的不同而变化;缓冲液的 pH 值、保护剂和表面活性剂都要根据不同样品进行优化。目前许多公司有针对不同材料的试剂盒出售,使用方便,其中一些的使用效果好,如 Roche Applied Science 公司的 Plant DNA Isolation Kit 试剂盒。本节分别介绍实验室常用的植物、动物和细菌的总基因组 DNA 的提取方法。其中,用植物 DNA 的 CTAB (cetyl triethyl ammonium bromide,十六烷基三甲基溴化铵)改进提取法提取的 DNA 的质量与一些较好的试剂盒相当,不经 RNA 酶消化及后续步骤即可用于 PCR 反应和 Southern 印迹杂交。

1.1.1　植物基因组 DNA 的提取

植物组织材料的采集与保存对提取的 DNA 的产量和质量有很大影响。通常应尽可能采集新鲜、幼嫩的组织材料。采集过程中应尽可能保持组织材料所含的水分。通常的做法是取样时立即用浸湿的纱布包裹采集到的组织材料,放置在带有冷藏功能的采集箱中,这样通常可使组织材料在 3～5d 内仍然保持新鲜。野外远距离采集样本时,在可能的条件下应冷冻保存(如放置于液氮中);当不具备冷冻条件时,最好用盛有无水 CaSO$_4$ 的瓶子分别保存,使其迅速干燥,利用这种方法可将材料保存数月,返回后应尽快进行 DNA 的提取工作。那些具有大量次生代谢产物(如单宁、酚类、醌类等)的植物材料,应尽可能采集幼嫩组织;此外,最好进行冷冻保存并在短时间内进行 DNA 提取。

从植物组织样品中分离 DNA 的方法,根据提取缓冲液(extraction buffer)中主要化学物质的不同,通常分为 CTAB 法和 SDS(sodium dodecyl-sulfate,十二烷基磺酸钠)法;根据 DNA 使用要求和研究目标的不同,分为 DNA 大量制备法和 DNA 微量制备法。DNA 大量制备法适用于 Southern 印迹杂交和基因组文库构建等对 DNA 质量和数量有较高要求的实验,但当需要对大群体或大样本进行快速的 PCR 检测或筛选时,DNA 微量制备法则成为首选。植物 DNA 的提取程序应包括以下几项:

(1) 破碎(或消化)细胞壁,释放出细胞内容物。

许多操作在破壁的同时也会剪切 DNA,因此采用任何方法均需在 DNA 的完整性和产量这两方面之间综合考虑。分离总基因组 DNA 常用的破壁方法是将新鲜植物组织在干冰或液氮中快速冷冻后,用研钵将其磨成粉。分离细胞核 DNA 或细胞器 DNA 时则应采取更为温和的破壁方法,以免过早破坏内膜系统。这种情况下通常采用在含有渗透剂的缓冲液中(4℃)匀浆的方法来破壁。

(2) 破坏细胞膜,使 DNA 释放到提取缓冲液中。

这一步骤通常利用 SDS 或 CTAB 之类的去污剂来完成。SDS 是一种阳离子型表面活性剂,它的主要功能有:溶解细胞壁上的脂质与蛋白质,因而溶解膜蛋白而破坏细胞膜;解聚细胞中的核蛋白;与蛋白质结合形成 R—O—SO$_3$$^-$···R$^+$ 蛋白质的复合物,使蛋白质变性而沉淀下来。但是,SDS 能抑制核糖核酸酶的作用,所以在以后的提取过程中,必须把它去除干净,防止下一步的操作(如用 RNA 酶去除 RNA)受干扰。CTAB 是一种在高盐浓度

下能与核酸结合形成可溶的稳定的络合物、低盐浓度下可形成沉淀的表面活性剂。在高盐浓度条件下，核酸以稳定形式与去污剂 CTAB 络合于溶液中；将盐(NaCl)浓度降至 0.4mol/L 以下可引起 CTAB-核酸络合物沉淀，从而将大部分多糖物质留在溶液中。因此，CTAB 缓冲液应当更适合于含有多糖或多酚类物质的植物材料的提取。去污剂还可以保护 DNA 免受胞内核酸酶的降解。通常提取液中还包含螯合剂(chelating agents)，如乙二胺四乙酸(ethylene diamine tetraacetic acid，EDTA)。EDTA 可用于抑制金属离子依赖性的酶的活性，它可以螯合大多数核酸酶所需的辅助因子——镁离子。提取缓冲液的 pH 值，应以避开降解酶的最适 pH 值为原则。植物及微生物体内各种酶作用的最适 pH 值在 4.5～6.5。但也有例外的，如脂类物质降解酶及氧化酶的最适 pH 值为 5.0～6.0；而 DNase 的最适 pH 值为 7.0。因此大多提取缓冲液的 pH 值选为 8.0，有的甚至高达 9.0，但也有例外的。中药材大多为干品，而中药材加工和贮藏的整个过程，如日晒、高温烘干等都不利于 DNA 完整性的保持，一般选用高盐浓度、低 pH 值的提取缓冲液[100mmol/L 乙酸钠，50mmol/L EDTA，500mmol/L NaCl，2.5% PVP(聚乙烯吡咯烷酮)，3% SDS，1% β-巯基乙醇，pH5.5]可以获得较好的提取效果。

(3) DNA 粗提液进一步纯化，操作过程中 DNA 剪切破坏的程度必须降到最低。

这是因为剧烈振荡或小孔快速抽吸都会打断溶液中高相对分子质量的 DNA。一般说来，如果操作得当，可以得到长度为 50～100kb 的 DNA。不过，分离高相对分子质量的 DNA 还只是工作的一部分，因为在 DNA 粗提取物中往往含有大量的 RNA、蛋白质、多糖等杂质，这些杂质有时很难从 DNA 中除去。因此，DNA 粗提液还需进一步纯化。大多数蛋白质可通过氯仿或苯酚处理后变性，沉淀除去；绝大部分 RNA 则可用 RNase A 经过热处理除去；但多数糖类杂质一般较难去除，这些杂质浓度高时，常使 DNA 提取物呈胶状。更为重要的是，即使在低浓度的情况下它们也会干扰后续操作，如抑制某些 DNA 修饰酶(如限制性内切酶)的活性，从而阻碍 Southern 印迹杂交或基因克隆；同时多糖杂质还会影响分光光度法对核酸的定量分析等。在氯仿/异戊醇(24∶1)抽提后的水相中加入 1/2 体积的 5mol/L 的 NaCl，然后再加入 2 倍体积的乙醇使 DNA 沉淀，此时大部分多糖仍在上清液中。这种简单、迅速的方法可有效地去除植物 DNA 中的多糖。实验证明，在 DNA 的水溶液中，NaCl 终浓度为 0.5～3.0mol/L 时都能除去多糖杂质。也可以在常规提取步骤后再将提取物通过离子交换进行纯化，一些离子交换柱已商品化，对去除多糖有很好的效果。

植物细胞具有加厚的次生壁和硕大的液泡，因此植物细胞中贮存了大量种类繁多的次生物质，例如多酚、乳汁、树脂等。酚氧化酶存在于细胞质基质中，当细胞受到轻微破坏或组织衰老时，细胞结构(如液泡)解体，释放其中的酚类物质，酚氧化酶则和底物起反应，将酚类氧化成棕褐色的醌类物质。这些次生物质在提取 DNA 的过程中可与 DNA 共沉淀，形成黏稠的胶状物，难以溶解或产生褐变，如此质量的 DNA 既不能用于酶切位点分析，又不能用于 PCR 扩增。因为上述次生物质的存在严重抑制限制性内切酶和 Taq DNA 聚合酶的活性，所以去除多酚等次生物质成为提取与纯化植物 DNA 的关键步骤。为了去除多酚类次生物质，在提取介质中必须加入抗氧化剂(antioxidants)，最常用的有 β-巯基乙醇、抗坏血酸钠、半胱氨酸和二硫苏糖醇(dithiothreitol，DTT)等。它们共同的作用是提供—SH(巯基)，使其与多酚类物质竞争氧，因而有效地防止了酚类氧化成醌类，避免了褐变。所用抗氧化剂的种类与用量依植物的类群而定,最常用的是 β-巯基乙醇,其最终含量范围是 0.1%～2%(体积分数)。PVP 是一种聚合物,其加入也可减少酚类、醌类及单宁类物质的影响。常用的是 PVP 40,可以去除色素,它与多酚类物质结合形成一种不溶的络合物,因此也能有效去除酚类,常与抗氧化剂一起使用,终浓度为 20～60g/L。而对于棉花、荔枝等含有大量酚类、醌类及其他次生代谢物的植物,提取缓冲液中常会添加一些诸如葡萄糖和 DIECA(diethyl dithiocarbamic acid)钠盐的物质或在提取过程中增加苯酚/氯仿抽提的次数。还有其他一些非通用添加物,如抗坏血酸(维生素 C)可用于降低醌类物质的影响,精胺及其他多胺可用于降低核酶的影响,氰化物可用于降低重金属氧化酶的影响。

【实验材料】

水稻或其他禾本科植物幼苗,李子或苹果幼嫩叶子等。

【实验器材】

研钵,高速冷冻离心机,水浴锅,100～1000μl、20～200μl、0.5～10μl 移液枪,核酸电泳仪,烧杯,三角瓶,容量瓶,1.5ml 无菌离心管等。

【实验试剂】

1. 2%(V/V)2-巯基乙醇。

2. CTAB 抽提液:2%(m/V)CTAB,100mmol/L Tris·Cl(pH8.0),20mmol/L EDTA(pH8.0),1.4mol/L NaCl。室温保存,使用前加入 2%(V/V)2-巯基乙醇。

3. CTAB 沉淀液:1%(m/V)CTAB,50mmol/L Tris·Cl(pH8.0),20mmol/L EDTA(pH8.0),室温保存。

4. 高盐 TE 缓冲液:10mmol/L Tris·Cl(pH8.0),20mmol/L EDTA(pH8.0),1mol/L NaCl,室温保存。

5. 异丙醇。

6. 70%(V/V)乙醇。

7. CTAB/NaCl 溶液:在 80ml H_2O 中溶解 4.1g NaCl,缓慢加入 10g CTAB 并搅拌,如果需要,可加热至 65℃溶解,定容终体积至 100ml。

8. 氯仿/异戊醇(24:1)。

【实验步骤】

1. 将 10g 新鲜的植物组织洗净、吸干,放入研钵,添加液氮,研成细粉。

2. 取 0.2g 细粉置 1.5ml 离心管中,加入 0.8ml 预热的 CTAB 抽提缓冲液和 2%(V/V)巯基乙醇,混合,于 65℃温育 10～60min,其间不断搅拌混匀。

3. 加入等体积的氯仿/异戊醇,颠倒使充分混合,于 4℃,7500r/min 离心 5min,回收上层相。

4. 在回收的上层相中加入 1/10 体积的 65℃的 CTAB/NaCl 溶液,颠倒混匀,加入等体积的氯仿/异戊醇,颠倒使充分混合,于 4℃,7500r/min 离心 5min。

5. 回收上层相,重复步骤 4。

6. 将上清液转入新的经硅烷化处理的离心管中,加入 1 倍体积的 1×CTAB 沉淀液,颠倒混匀。于 65℃温育 30min,观察沉淀生成,若无明显的沉淀生成,延长放置时间,使沉淀量增加。

7. 于 4℃,5000r/min 离心 5min,用 0.2ml 高盐 TE 缓冲液重悬沉淀,若沉淀难以重悬,于 65℃温育 30min,重复直至所有或大部分的沉淀溶解。

8. 加入 0.6 倍体积的异丙醇,充分混匀,于 4℃,7500r/min 离心 15min,用 70%冰乙醇洗涤沉淀,自然干燥,用 TE 缓冲液溶解,于 4℃保存备用。

9. 沉淀进一步经琼脂糖凝胶电泳鉴定,结果如图 1-1 所示。

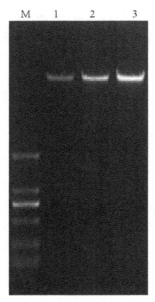

图 1-1　植物基因组 DNA 电泳图谱
M-DNA 相对分子质量标准;1,2,3-核桃叶片提取物

1.1.2　动物基因组 DNA 的提取

从动物组织或细胞中分离总基因组 DNA 一般是在 EDTA 及 SDS 这类去污剂存在的条件下,用蛋白酶 K 消化细胞,再用苯酚抽提实现的。若对 DNA 质量要求较高,通常除了通过增加氯仿/异戊醇(24∶1)抽提次数、彻底去除蛋白质使 DNA 纯化外,还可采用 CsCl 密度梯度离心法进行纯化。较纯的 DNA 溶液可通过测定其紫外吸收光谱来进行定量。若 DNA 不够纯,由于 RNA 或非核酸类杂质的干扰,通过紫外吸收光谱测算的数据可能会有误差。这种情况下,可通过琼脂糖凝胶电泳的方法来定量测定。在低浓度琼脂糖凝胶(6.5g/L)中加入约 50~100ng 样品 DNA,并依次加入 25~200ng 未经酶解的 λDNA 作标准。高相对分子质量 DNA(长度大于 50kb)应为一条靠近 λDNA 的清晰条带。该条带以下的片状模糊是机械或化学降解产物,更为靠近胶底部的模糊条带则是样品 DNA 中混杂的 RNA。比较样品 DNA 条带与 λDNA 标准条带的亮度即可对样品 DNA 进行定量。通过肉眼比较条带的强

度可对 DNA 含量进行粗略估计(±10ng),但若用图像处理设备和凝胶分析软件,例如 UVP (Cambridge)软件包 SW2000 可进行更高精度的分析。这种设备对条带的强度均赋予数值,利用 λDNA 标准条带绘制出 DNA 量与条带亮度的标准曲线,这样就可以更精确地估算出未知样品中的 DNA 含量。

【实验材料】

哺乳动物新鲜组织。

【实验器材】

组织匀浆器,100~1000μl、20~200μl、0.5~10μl 移液枪,高速冷冻离心机,振荡水浴锅,核酸电泳仪,烧杯,三角瓶,容量瓶,1.5ml 无菌离心管等。

【实验试剂】

1. 消化缓冲液:100mmol/L NaCl,10mmol/L Tris·Cl(pH8.0),25mmol/L EDTA (pH8.0)。

2. 0.5%(m/V)SDS:室温保存。

3. 100mg/ml 蛋白酶 K:临用前加入。

4. 磷酸缓冲液(PBS)10×PBS:80g NaCl(1.37mol/L),2g KCl(27mmol/L),11.5g Na$_2$HPO$_4$·7H$_2$O(43mmol/L),2g KH$_2$PO$_4$(14mmol/L),加水至 1L,室温可长期保存。

5. 3mol/L NaAc(pH5.2):80ml 水溶解 40.81g 的 NaAc·3H$_2$O,用冰醋酸调 pH 至 5.2,加 ddH$_2$O 定容至 100ml。

6. 7.5mol/L 乙酸铵。

7. 100%(V/V)乙醇及 70%乙醇。

8. TE 缓冲液:10mmol/L Tris·Cl(pH8.0),1mmol/L EDTA。

9. 苯酚/氯仿/异戊醇(PCI):按苯酚:氯仿/异戊醇=1:1 的比例混合饱和苯酚与氯仿,即得苯酚/氯仿/异戊醇(25:24:1)。

10. 氯仿/异戊醇(24:1)。

【实验步骤】

1. 切下组织,剔除结缔组织,立即剪成小块,置于液氮中冻结。取 0.2g 组织用 2ml 消化缓冲液悬浮,用组织匀浆器匀浆至无明显组织块存在(冰浴操作)。

2. 将组织细胞的匀浆液转移至 1.5ml 离心管中,4℃,5000r/min 离心 5min,弃上清。

3. 取细胞沉淀添加 1~10ml 冰 PBS 悬浮洗涤,4℃,5000r/min 离心 5min,如此洗涤 2 次。

4. 用细胞沉淀的 10~40 倍体积的消化缓冲液(约 0.4ml)悬浮细胞,50~55℃振荡温育 12~18h。

5. 用等体积的苯酚/氯仿/异戊醇抽提(轻柔混匀),室温下,7500r/min 离心 10min。

6. 用剪掉吸头前端的扩口的吸头,小心吸出上清液,移至新的离心管中,然后加入等体积氯仿/异戊醇,以 7000r/min 离心 10min,如果界面或水相中含蛋白质沉淀较多,可重复步骤5、6。

　　7. 将上层(水溶液)转移至一个新管中,加入 1/2 体积 7.5mol/L 乙酸铵和 2 体积 100%乙醇,10000r/min 离心 2min。

　　8. 沉淀用 70%的乙醇清洗、空气干燥,再用 TE 缓冲液溶解,于 4℃保存备用。

　　9. 沉淀进一步经琼脂糖凝胶电泳鉴定,结果如图 1-2 所示。

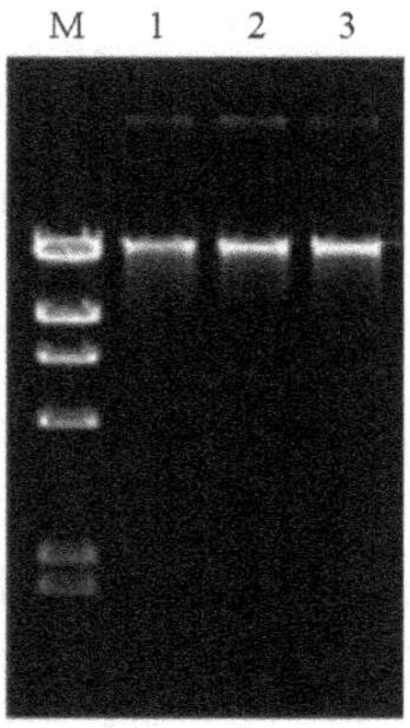

图 1-2　动物基因组
DNA 电泳图谱
M-DNA 相对分子质量标准;
1,2,3-绵羊耳组织 DNA

1.1.3　细菌基因组 DNA 的提取

【实验材料】

细菌培养物。

【实验器材】

恒温培养箱,100 ～1000μl、20～200μl、0.5～10μl 移液枪,高速冷冻离心机,漩涡混合器,恒温水浴锅,核酸电泳仪,烧杯,三角瓶,容量瓶等。

【实验试剂】

1. LB(Luria Broth)培养基:1%蛋白胨(typtone),0.5%酵母提取物(yeast extract),1% NaCl,pH7.0,121℃灭菌 20min 备用。若用固体培养基,则在 LB 培养基中添加1.5%～2%琼脂,灭菌备用。

2. 溶液Ⅰ(GTE 溶液):50mmol/L 葡萄糖,25mmol/L Tris · Cl(pH8.0),10mmol/L EDTA(pH8.0)。

3. 100mg/ml 溶菌酶。

4. 10mg/ml 蛋白酶 K:用灭菌的去离子水配制,在－20℃条件下保存。

5. 氯仿/异戊醇:按氯仿:异戊醇=24:1 的比例加入异戊醇。

6. 饱和苯酚:分析纯的苯酚溶化后经 160℃重蒸,加入 0.1%的抗氧化剂 8-羟基喹啉,再加等体积的 0.1mol/L Tris · Cl(pH8.0)、1mmol/L EDTA。

7. 苯酚/氯仿/异戊醇:按苯酚:氯仿/异戊醇=1:1 的比例混合饱和苯酚与氯仿,即得苯酚/氯仿/异戊醇(25:24:1)。

8. TE 缓冲液:10mmol/L Tris · Cl(pH8.0),1mmol/L EDTA。

9. 2mg/ml RNase A:10mmol/L Tris · Cl(pH8.0),15mmol/L NaCl,在 100℃保温 15min,然后室温条件下缓慢冷却。

10. 无水乙醇,预冷的 70%乙醇,80%甘油。

【实验步骤】

1. 挑取单菌落接种至 5ml 的液体 LB 培养基中,适当温度条件下,振荡培养过夜。

2. 取菌液 0.5～1ml,7500r/min 离心 1min,弃上清液。

3. 加入 $100\mu l$ 溶液 I,在漩涡混合器上振荡混匀至沉淀彻底分散。

4. 再加入 $650\mu l$ 溶液 I,振荡混匀(注意不要残留细小菌块)。

5. 向悬液中加入 $7.5\mu l$ 的 $100mg/ml$ 溶菌酶至终浓度为 $1mg/ml$,混匀,37℃ 温浴 30min。

6. 再向悬液中加入 $7.5\mu l$ 蛋白酶 K($10mg/ml$)至终浓度为 $0.1mg/ml$,混匀,55℃继续温浴 1h,中间轻缓颠倒离心管数次。

7. 温浴结束后,向溶液中加入等体积(约 $750\mu l$)的苯酚/氯仿/异戊醇,上下颠倒充分混匀,$7500r/min$ 离心 5min。将上清液移至新的离心管中,用苯酚/氯仿/异戊醇溶液抽提一次。

8. 取上清液用等体积的氯仿/异戊醇抽提一次。

9. 取上清液至新的离心管中,加入 1/10 体积的 $3mol/L$ 醋酸钠 (pH5.2)、2 倍体积预冷的无水乙醇,混匀,-20℃ 静置 5min 沉淀 DNA,4℃,$7500r/min$ 离心 5min。

10. 小心弃去上清液,用 70%乙醇洗涤沉淀,于 4℃,$7500r/min$ 离心 5min。再用 70%乙醇洗涤一次,自然干燥,用 TE 缓冲液重悬,于 4℃保存备用。

11. 沉淀经电泳鉴定,结果如图 1-3 所示。

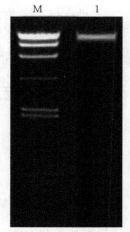

图 1-3　细菌基因组 DNA 电泳图谱

M-DNA 相对分子质量标准;
1-单增李斯特菌基因组 DNA

【注意事项】

1. 配好的苯酚/氯仿/异戊醇溶液上面覆盖一层异戊醇溶液,以隔绝空气,在使用苯酚/氯仿/异戊醇时应注意取下面的有机层。

2. 加入苯酚/氯仿/异戊醇后应采用上下颠倒的方法,充分混匀。如发现苯酚已氧化变成红色,应弃之不用。

3. 制备 DNA 时应避免污染,所有制备质粒或噬菌体的材料都必须与基因组 DNA 材料分开。

4. 在提取过程中,染色体会发生机械断裂,产生大小不同的片段,因此分离基因组 DNA 时,从细胞裂解后,应尽量在温和的条件下操作。

【思考题】

1. 提取基因组 DNA 的基本原理是什么? 在操作中应注意什么?

2. 在使用苯酚操作时,应注意什么?

实验 1.2　质粒 DNA 的提取与纯化

【实验目的】

学习质粒 DNA 提取的基本原理,掌握质粒最常用的提取方法,为基因工程实验提供载体原料。

【实验原理】

质粒(plasmid)是一种独立于染色体的自主复制的遗传成分。在细胞内,它们常以共价闭环的超螺旋状态存在。如果两条链中有一条发生一处或多处断裂,分子因旋转而消除链的张力,这种松弛型的分子被称为开环 DNA。如果两条链均断开,即为线性 DNA。质粒主要存在于细菌、放线菌中,大小为 1~200kb。质粒的存在使宿主细胞具有一些新的特性,如对抗生素的抗性等。常见的天然质粒有 F 质粒(又称 F 因子或性质粒)、R 质粒(抗药性因子)和 Col 质粒(产大肠杆菌素因子)等。

由于天然质粒用作基因克隆载体存在一些缺点,如相对分子质量大,单一限制性内切酶识别位点不唯一,无合适的抗性标记等。研究者在天然质粒基础上进行了改造,开发出了一批低相对分子质量、高拷贝数、多选择性标记的商业化质粒载体,便于基因工程实验操作。

利用质粒作为基因克隆的载体,一个重要的条件是要获得一定量的纯化质粒 DNA 分子。带有质粒的宿主菌,如大肠杆菌,其细胞中除了质粒外,还有基因组 DNA、各种 RNA 及蛋白质、脂质等存在。从这些混合物中提取质粒 DNA 包括三个基本步骤:① 培养细胞使质粒大量扩增;② 收集和分裂细菌并除去蛋白质和基因组 DNA;③ 分离和纯化质粒 DNA。

利用环状质粒 DNA 分子具有相对分子质量小、易于复性的特点,可提取细菌质粒DNA。在热或碱性条件下 DNA 分子的双链打开,若此时将溶液置于复性条件,变性质粒DNA 分子能在较短时间内复性,而基因组 DNA 不能。如碱变性质粒提取,就是利用离子型表面活性剂 SDS 溶解细胞膜上的脂蛋白,在 pH 高达 12.6 的碱性条件下基因组 DNA 氢键断裂,双螺旋结构解开而变性。而相对分子质量较小的质粒 DNA 的大部分氢键也断裂,但超螺旋共价闭合环状结构的两条互补链分离不完全,当 pH 值为 4.8 的 NaAc 或 KAc 高盐缓冲液调节至中性时,变性的质粒 DNA 可以完全形成互补链,又恢复到原来的构型。而基因组 DNA 不能恢复,形成缠绕的网状结构与菌体的蛋白质凝聚成块。经过离心,除去变性的基因组 DNA 和蛋白质沉淀物,而质粒 DNA 分子存在于上清液中。用苯酚等进行处理,除去上清液中的蛋白质,后利用无水乙醇与盐凝聚形成沉淀。在用乙醇沉淀时,与 DNA 有相似性质的 RNA 也一起被沉淀下来。利用 RNA 酶除去残余的 RNA。最后,可采用苯酚使 RNA 酶失活。

【实验材料】

含质粒的大肠杆菌菌株,如 pUC19/DH5α、pET28/BL21。

【实验器材】

恒温培养箱,100~1000μl、20~200μl、0.5~10μl 移液枪,高速冷冻离心机,漩涡混合器,恒温水浴锅,核酸电泳仪,烧杯,三角瓶,容量瓶,1.5ml、50ml 离心管等。

【实验试剂】

1. LB(Luria Broth)培养基:1%蛋白胨,0.5%酵母粉,1% NaCl,调 pH 值至 7.0。

2. 氨苄青霉素(ampicillin，Amp)：母液 100mg/ml，工作浓度 100μg/ml。

3. 卡那霉素(kanamycin，Kan)：母液 50mg/ml，工作浓度 50μg/ml。

4. 溶液Ⅰ(GTE 溶液)：50mmol/L 葡萄糖，25mmol/L Tris·Cl(pH8.0)，10mmol/L EDTA(pH8.0)。

5. 溶液Ⅱ：0.2mol/L NaOH，1% SDS。

6. 溶液Ⅲ：5mol/L 醋酸钾 60ml，冰醋酸 11.5ml，定容至 100ml。

7. RTE：含 RNase A (20μg/ml)的 TE 缓冲液。

8. 冰冷的 95%乙醇，70%乙醇。

9. 25mg/ml 溶菌酶。

1.2.1　微量质粒的提取和纯化

【实验步骤】

1. 接种单菌落于 5ml 含相应抗生素的 LB 培养液中，37℃培养过夜(约 10～14h)。

2. 取约 1.5ml 培养液于离心管中，在 4℃下低速离心收集菌体(3000r/min，10min)，弃上清。

3. 菌体悬浮于 150μl 溶液Ⅰ中，充分涡旋。

4. 加入 150μl 溶液Ⅱ，来回轻轻颠倒 3 次，冰浴 5min。

5. 加入 200μl 溶液Ⅲ，来回轻轻颠倒 3 次，充分扩散，冰浴 5min。

6. 4℃下 13000r/min 离心 10min，小心吸取上清，置于新的 1.5ml 离心管中。

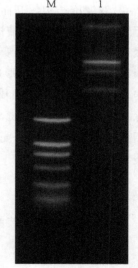

7. 加入等体积的饱和酚/氯仿/异戊醇(25：24：1)，振荡混匀，4℃下 13000r/min 离心 10min。

8. 吸取上层水相，加入等体积异丙醇，颠倒混匀，4℃下放置 10min。

9. 4℃下 13000r/min 离心 15min，弃上清（于回收缸中）。

10. 沉淀用 200μl 70%乙醇洗一次，短暂离心后，小心吸除残留溶液。

11. 倒置于滤纸上吸尽液体，沉淀于室温下(或真空干燥器上)自然干燥。

12. 沉淀悬浮于 20μl RTE(含 RNA 酶的 TE)中。

13. 37℃保温 30min，充分降解 RNA。

14. 提纯质粒保存于－20℃。

15. 琼脂糖凝胶电泳检测，结果如图 1-4 所示。

图 1-4　质粒 DNA 电泳图谱
M－DNA 相对分子质量标准；
1-质粒 DNA

1.2.2　大量质粒的提取和纯化

【实验步骤】

1. 单菌落接种于含有适当的抗生素($50\sim100\mu g/ml$)的5ml LB 培养基中,37℃振荡培养过夜。

2. 1%的接种量(2.5ml)接种于含 250ml 的 LB 培养基的 1L 摇瓶中,添加终浓度为$50\sim100\mu g/ml$($250\mu l$)的相应的抗生素,37℃振荡培养 $10\sim14h$($OD_{600}\approx0.4$)。

3. 于 4℃,6000r/min 离心 10min,弃上清。

4. 沉淀用 2ml 溶液Ⅰ,旋涡混合器上使菌体重悬,加入 0.5ml 新配的含 25mg/ml 溶菌酶的溶液Ⅰ(终浓度 5mg/ml),彻底重悬,于室温放置 10min。

5. 加入新配制的 5ml 的溶液Ⅱ,加盖轻轻倒置数次混匀,于冰上放置 10min。

6. 加入 4ml 的溶液Ⅲ,加盖轻轻倒置数次混匀,于冰上放置 10min。

7. 于 4℃,最大转速离心 15min,将上清液移至另一干净的 50ml 离心管中。

8. 加入 0.6 倍体积的异戊醇,颠倒混匀,室温下放置 $5\sim15min$。

9. 4℃,13000r/min 离心 10min,弃上清,加 1ml 70%的冰乙醇轻轻洗涤沉淀。

10. 4℃,13000r/min 快速离心 1min,吸去乙醇,自然风干或真空干燥。

11. 用 $1\sim1.5ml$ TE(pH8.0)溶解沉淀,于 4℃短期保存,于$-20℃$或$-70℃$长期保存备用。

【注意事项】

1. 在添加溶液Ⅱ与溶液Ⅲ混合后,操作一定要柔和,采用上下颠倒的方法,千万不能在旋转器上剧烈振荡。

2. 采用有机溶剂(苯酚/氯仿/异戊醇)抽提时,应充分混匀。经苯酚/氯仿抽提后,吸取上清液时注意不要把中间层的白色蛋白质等杂质吸入。

3. 苯酚具有腐蚀性,能造成皮肤的严重烧伤及衣物损坏,使用时应注意。如不小心皮肤上碰到苯酚,应用碱性溶液、肥皂及大量的清水冲洗。

【思考题】

1. 简述抽提质粒的基本原理。

2. 在提取质粒 DNA 操作过程中应注意哪些问题?

3. 溶液Ⅰ、Ⅱ、Ⅲ在质粒抽提中各有什么作用?

实验 1.3　总 RNA 和 mRNA 的制备

1.3.1　总 RNA 的制备

【实验目的】

掌握利用异硫氰胍变性液从各种不同生物中提取 RNA 的基本原理和方法。提取的 RNA 可用于 RT-PCR 以及 Northern 印迹分析。

【实验原理】

分离纯化完整的 RNA 是进行基因克隆表达分析的基础。从生物细胞中分离 RNA 要比分离 DNA 难得多。成功提取生物细胞中的 RNA,尽可能完全抑制或除去 RNA 酶(ribonuclease, RNase)的活性是分离获得全长 RNA 最关键的环节。RNA 酶很稳定、耐热,且在较宽的 pH 范围内都有活性,一般无需任何辅助因子。加上 RNA 酶广泛存在,所有的组织中均存在 RNA 酶,操作者的手、唾液等含有较丰富的 RNA 酶。因此,在所有与 RNA 有关的操作中,操作者必须戴手套操作并经常更换(一次性手套)。所用的玻璃器皿需置于干燥烘箱中 300℃ 干烤 4h(高压不能完全灭活 RNA 酶)。塑料容器等不耐高温的材料均需用 0.1% 的焦碳酸二乙酯(DEPC)处理,再用蒸馏水冲净。DEPC 是 RNA 酶的化学修饰剂,和 RNA 酶的活性基团组氨酸的咪唑反应而抑制酶的活性。所有 RNA 提取中所用的溶液和水一般都先用焦碳酸二乙酯(DEPC)处理,再经高温灭菌,并尽可能使用未曾开封的试剂。除此之外,也可用矾氧核苷酸复合物、异硫氰酸胍、RNA 酶抑制蛋白等。

细胞在变性剂异硫氰酸胍作用下被裂解,同时核糖体上的蛋白质变性,核酸释放。释放出来的 DNA 和 RNA 由于在特定的 pH 条件下的溶解性不同,而分别位于整个体系的中间相和水相,从而得以分离,经有机溶剂抽提、沉淀,得到纯化的 RNA。

【实验材料】

动植物组织。

【实验器材】

恒温培养箱,100~1000μl、20~200μl、0.5~10μl 移液枪,高速冷冻离心机,漩涡混合器,恒温水浴锅,核酸电泳仪,烧杯,三角瓶,容量瓶等。

【实验试剂】

1. 经 DEPC 处理的水:在 100ml 去离子水中加入 0.1ml DEPC,剧烈振荡使 DEPC 溶于水中,高压灭菌以消除残留的 DEPC。将这样处理的水与其他溶液分开放置,并确保"脏"

的吸头不伸入其中。注：使用 DEPC 时应戴手套并在通风橱中操作，因为 DEPC 是一种致癌剂。

2. 异硫氰酸胍变性液的贮存液（变性溶液）。

（1）储备液：将 17.6ml 的 0.75mol/L 柠檬酸钠（pH7.0）、26.4ml 的 10％（m/V）N-十二烷基肌氨酸钠溶于 293ml 水中，再加入 250g 异硫氰酸胍，加热至 60～65℃并持续搅拌使之充分溶解。室温可保存 3 个月。

（2）工作液：4mol/L 异硫氰酸胍，25mmol/L 柠檬酸钠（pH7.0），0.5％ N-十二烷基肌氨酸钠，0.1mol/L β-巯基乙醇（即在 50ml 贮存液中加入 0.35ml 的 β-巯基乙醇）。工作液于室温可保存 1 个月。

3. 水饱和酚：在 60～65℃的水中溶解重蒸酚。抽吸掉上层水相，4℃可保存 1 个月。

4. 2mol/L 乙酸钠：将 16.24g 乙酸钠加入 40ml 水和 35ml 冰醋酸中。用冰醋酸调节pH 值至 4。加水至 100ml（钠离子的终浓度为 2mol/L）。室温可保存 1 年。

5. 100％异丙醇。

6. 75％（V/V）乙醇（用 DEPC 处理水制备）。

7. 4mol/L LiCl：24.164g LiCl，加 DEPC 处理水定容至 100ml，高压灭菌，室温放置备用。

8. 氯仿/异戊醇（49：1）。

9. 原生质体缓冲液：15mmol/L Tris·Cl（pH8.0），8mmol/L EDTA，0.45mol/L 蔗糖，4℃保存。

10. 革兰氏阴性菌裂解缓冲液：10mmol/L Tris·Cl（pH8.0），10mmol/L NaCl，1mmol/L柠檬酸钠，1.5％（m/V）SDS，室温保存。

11. 50mg/ml 溶菌酶。

12. 焦磷酸二乙酯。

13. 饱和 NaCl 溶液：于 100ml DEPC 处理水中加入 40g NaCl。

【实验步骤】

一、从组织或细胞中分离 RNA

1a. 对于组织：每 100mg 加入 100ml 变性液，在匀浆器中匀浆数次。

1b. 对于培养细胞：10ml 悬浮细胞于离心管中 4℃离心，弃上清；每 10^7 个细胞中加入 1ml变性液，用吸头吸打裂解液 7～10 次。注：在实验之前，检测试管是否能耐受 10000r/min 离心变性液和酚/氯仿的混合物。

2. 转移匀浆液至 5ml 离心管中，加入 0.1ml 2mol/L 乙酸钠（pH4.0）、1ml 水饱和酚和0.2ml 氯仿/异戊醇（49：1），每加入一种试剂都需轻轻彻底混匀，试剂加完后将离心管盖拧紧，倒转几次混匀，冰浴 15min。

3. 于 4℃，41000r/min 离心 25min，将上层水相转移到另一干净的离心管中。

4. 加入 1 倍体积的异丙醇，混匀后置于−20℃冰箱中放置 30min。

注：对于糖原含量高的组织，如肝，在 4mol/L LiCl 中剧烈振荡，从 RNA 团块中洗出糖原，然后 5000r/min 离心 10min 沉淀不溶的 RNA，用变性液溶解沉淀。

5. 在 0.3ml 变性液中溶解沉淀,转移至 1.5ml 微量离心管,重复步骤 4。

6. 重悬沉淀于 75%乙醇中,涡旋振荡,室温放置 10～15min 以溶解沉淀中残留的胍盐。

7. 于 4℃,10000r/min 离心 5min,弃上清,真空干燥沉淀。

8. 用 100～200μl DEPC 处理水溶解沉淀。55～60℃温育 10～15min。保存于－70℃备用。

二、从革兰氏阴性菌中快速分离 RNA

1. 从平板上接种单菌落到 15ml 液体培养基中,过夜培养至细菌的对数生长期。

2. 于 4℃,12000r/min 离心 10min,从 10ml 革兰氏阴性菌培养液中回收菌体,悬浮于 10ml 原生质体缓冲液,加入 80μl 的 50mg/ml 溶菌酶,冰浴 15min。

3. 于 4℃,5000r/min 离心 5min,沉淀用 0.5ml 革兰氏阴性裂解缓冲液重悬,加入 15μl DEPC 处理水,轻轻混匀。移至微量离心管中,37℃温育 5min。

4. 在冰浴中冷却,加入 250μl 饱和 NaCl,混匀,冰浴 10min。

5. 于 4℃或室温用微量离心机高速离心 10min,将上清液移至两个干净的 1.5ml 离心管中,各加入 1ml 预冷无水乙醇,－20℃过夜。

6. 于 4℃,微量离心机高速离心 15min。

7. 沉淀用 500μl 预冷 70%乙醇洗沉淀,晾干。用 100μl DEPC 处理水溶解,保存于－70℃冰箱中待用。

【注意事项】

1. 进行 RNA 的操作时,所用的一切实验器材和溶液都要进行无 RNA 酶处理,应该专门配备进行 RNA 的操作的超净工作台以及其他设备。

2. DEPC 是一种致癌剂,使用 DEPC 时操作人员应戴上手套和口罩,并在通风橱中操作。

【思考题】

1. 实验过程中应该采取怎样的措施才能尽可能避免 RNA 酶的污染?

2. 如何检测提取 RNA 的质量?

1.3.2 mRNA 的制备

【实验目的】

掌握利用寡聚脱氧胸苷[oligo(dT)]纤维素从总 RNA 中分离 mRNA 的方法。

【实验原理】

细胞内主要有三种 RNA(mRNA、tRNA、rRNA)。mRNA 只占 RNA 总量的 1%～5%,其相对分子质量大小不一,由几百至几千个核苷酸组成,并且大部分 mRNA 均与蛋白质结合在一起形成核蛋白体。且真核生物与原核生物不同,真核生物在基因内含有内含子,需要通过 RNA 的拼接加工,才能变成成熟的 mRNA。

提取 mRNA 一般有两种方法:其一是先提取多聚核糖体,再将蛋白质与 mRNA 分开。即利用抗原抗体的反应,可以将含量极微、特异的 mRNA 提取出来。因为没有合成完的蛋白质还停留在多聚核糖体上,这些新生肽链能与完整蛋白质的抗体发生抗体-抗原反应。因此,可以选择性沉淀特异的 mRNA。其二是提取细胞总 RNA,经过蛋白酶 K 的处理。如果要进一步获得 mRNA,可以利用寡聚脱氧胸腺嘧啶核苷酸 oligo(dT)纤维素柱层析,把 mRNA 与其他的 RNA,如 tRNA、rRNA 分开。因为几乎所有的 mRNA 的 3'端都具有一串可长至 200 个腺苷酸的 poly(A)序列,而 tRNA 和 rRNA 上都没有这样的结构,利用这一点为 mRNA 的分离纯化提供了便捷的条件。

【实验材料】

RNA 溶液,oligo(dT)纤维素干粉等。

【实验器材】

$100 \sim 1000 \mu l$、$20 \sim 200 \mu l$、$0.5 \sim 10 \mu l$ 移液枪,层析柱,核酸电泳仪,烧杯,容量瓶等。

【实验试剂】

1. 5mol/L NaOH。

2. 寡聚脱氧胸苷[oligo(dT)]纤维素。

3. 0.1mol/L NaOH。

4. poly(A)样品缓冲液:10mmol/L Tris·Cl(pH7.5),1mmol/L EDTA,0.5mol/L LiCl,0.1%(m/V)SDS。

5. 10mol/L LiCl。

6. 中度洗脱缓冲液:10mmol/L Tris·Cl(pH7.5),1mmol/L EDTA,0.15mol/L LiCl,0.1%(m/V)SDS。

7. 2mmol/L EDTA。

8. 3mol/L 乙酸钠。

9. 100% 乙醇。

10. 0.1% SDS。

11. 无 RNA 酶的 TE 缓冲液。

12. 柱子:用硅烷化玻璃纤维填充的硅烷化的玻璃巴斯德吸管或一次性小柱(2ml 容积)。

注:水、10mol/L LiCl 和 3mol/L 乙酸钠应当用 DEPC 处理以抑制 RNA 酶活性,纯化柱和离心管应当硅烷化过。

【实验步骤】

1. 先用 10ml 5mol/L NaOH 清洗硅烷化的层析柱,然后用水冲洗。

2. 取 0.5g oligo(dT)纤维素干粉加于 1ml 0.1mol/L NaOH 中,倒入柱内,用约10ml水冲洗。

3. 用 10～20ml poly(A)加样缓冲液平衡柱子,至流出液 pH 值约为 7.5。

4. 于 70℃加热 2mg 总 RNA 的水溶液 10min,再用 10mol/L LiCl 调节溶液中 LiCl 至终浓度 0.5mol/L。

5. 加 RNA 溶液至 oligo(dT)柱,并以 1ml poly(A)加样缓冲液洗涤,将流出液重新上柱 2 次以保证所有 poly(A)＋RNA 已经结合到 oligo(dT)上。

6. 用 2ml 中度洗脱缓冲液洗柱子。

7. 用 2ml 2mmol/L EDTA/0.1％ SDS 洗脱 RNA 至一根新的试管。

8. 按步骤 3 重新平衡柱子,用洗脱出的 RNA 重复步骤 4～7。

9. 加入 1/10 体积的 3mol/L 乙酸钠和 2.5 倍体积乙醇至收集的 RNA 溶液,移至 2 根硅烷化的离心管中,一20℃放置过夜或干冰/乙醇中放 30min。

10. 于 4℃高速离心 30min。弃去乙醇,晾干沉淀,重溶于 150μl 无 RNA 酶的 TE 缓冲液,合并样品。

11. 取 5μl 在 70℃加热 5min 后,1％琼脂凝胶电泳中检查 RNA 质量。

【注意事项】

1. 在提取过程中要严格防止 RNA 酶的攻击,加上 RNA 酶广泛存在且极为稳定,因而在提取过程中要严格防止 RNA 酶的污染,并设法抑制其活性。

2. 对所选择的 RNA 量不要使用太大的柱,否则最终的 mRNA 会被过度稀释,使得样品沉淀和操作的效率较低,通常 5～10mg RNA 用 1ml oligo(dT)纤维素已经足够。

【思考题】

1. 影响 mRNA 提取和纯化的主要因素有哪些?

2. mRNA 分离纯化的原理是什么?

【参考文献】

[1] 朱旭芬.基因工程实验指导[M].第二版.北京:高等教育出版社,2010.

[2] 静国忠.基因工程及其分子生物学基础[M].北京:北京大学出版社,2001.

[3] 陈宏.基因工程实验技术[M].北京:中国农业出版社,2005.

[4] 周俊宜.分子生物学基本技能和策略[M].北京:科学出版社,2003.

第 2 章

电泳技术

电泳(electrophoresis)是带电物质在电场中向着与其电荷相反的电极移动的现象。电泳的种类多,应用非常广泛,已成为基因工程技术中分离与分析生物大分子的重要手段。核酸、蛋白质等生物大分子在一定 pH 条件下,可以解离成带电荷的离子,在电场中向相反的电极移动,此时移动的速度可因电离子的大小、形态及电荷量的不同而有差异。利用移动速度差异,就可以区别各种大小不同的分子。

琼脂糖凝胶电泳(agarose gel electrophoresis)由于具有操作简单、快速、灵敏等优点,是分离和鉴定核酸的常用方法;聚丙烯酰胺凝胶电泳(polyacrylamide gel electrophoresis,PAGE)及变性聚丙烯酰胺凝胶电泳(sodium dodecyl sulfate polyacrylamide gel electrophoresis,SDS-PAGE)则是蛋白纯度和浓度分析分析等实验中的最常用方法。

实验 2.1　DNA 琼脂糖凝胶电泳

【实验目的】

掌握琼脂糖凝胶电泳的原理,学习琼脂糖凝胶电泳检测 DNA 的操作技术。

【实验原理】

琼脂糖凝胶电泳是用于分离、鉴定和提纯 DNA 片段的标准方法,可以在很窄的范围内获得高纯度的某种 DNA 片段,或是大小相近的 DNA 片段。琼脂糖是从琼脂中提取的一种多糖,具亲水性,但不带电荷,是一种很好的电泳支持物。DNA 分子在琼脂糖凝胶中时有电荷效应和分子筛效应。DNA 分子在 pH 高于等电点的溶液中带负电荷,在电场中向正极移动。在一定的电场强度下,DNA 分子的迁移率取决于分子筛效应。具有不同的相对分子质量的 DNA 片段泳动速度不一样,可进行分离。凝胶电泳不仅可分离不同相对分子质量的 DNA,也可以分离相对分子质量相同、但构型不同的 DNA 分子。DNA 在琼脂糖凝胶中的电泳迁移率主要取决于六个因素:① 样品 DNA 分子的大小;② DNA 分子的构象;③ 琼脂糖浓度;④ 电场强度;⑤ 缓冲液离子强度;⑥ 温度。

电泳样品的物理性质是影响电泳迁移率的首要因素,包括电荷多少、分子大小、颗粒形状和空间结构。一般来说,颗粒带电荷的密度愈大,泳动速率愈快;颗粒物理形状愈大,与支持物的摩擦力愈大,泳动速率愈小。即泳动率与颗粒的分子大小、介质黏度成反比;与颗粒所带电荷成正比。

　　电泳场两极间单位支持物长度的电压降即为电场强度或电压梯度。电场强度愈大,带电颗粒的泳动率愈快,但凝胶的有效分离范围随电压的增大而减小。在低电压时,线性DNA分子的泳动率与电压成正比。一般凝胶电泳的电场强度不超过 5V/cm。

　　缓冲液是电泳场中的导体,它的种类、pH 值、离子浓度直接影响电泳的效率。Tris·Cl缓冲体系中,由于 Cl⁻ 的泳动速度比样品分子快得多,易引起带型不均一现象,所以常用TAE、TBE、TPE 三种缓冲体系。缓冲液的 pH 值直接影响 DNA 解离程度和电荷密度,缓冲液 pH 值与核酸样品的等电点相距越远,样品所携带电荷量越多,泳动速度越快。核酸电泳缓冲液,常采用偏碱性或中性条件,使核酸分子带负电荷,向正极泳动。缓冲液的离子强度与样品泳动速度呈反比,电泳的最适离子强度一般在 0.02~0.2。

　　核酸经过染色才能显示带型。多年来,观察琼脂糖凝胶电泳中 DNA 的最简便方法是利用溴化乙锭(ethidium bromide,EB)进行染色。EB 是一种荧光染料,这种扁平分子可以嵌入核酸双链的配对的碱基之间,在紫外线激发下,发出红色荧光。EB-DNA 复合物中的 EB发出的荧光,比游离的凝胶中的 EB 本身发出的荧光强大 10 倍,因此不需要洗净背景就能清楚地观察到核酸的电泳带型。通常,在凝胶中加入终浓度为 0.5μg/ml 的 EB,可以在电泳过程中随时观察核酸的迁移情况,这种方法用于一般性的核酸检测。单链 DNA、RNA 分子常存在自身配对的双链区,也可以嵌入 EB 分子,但嵌入量少,因而荧光较低,其最低检测量为0.1μg。

　　由于 EB 见光易分解,故应存棕色瓶中,于 4℃条件下保存。EB 为较强的诱变剂,操作时要戴一次性手套,避免含 EB 物品与皮肤直接接触。

　　近年来,国内外各公司陆续推出了可替代 EB 的新型荧光染料,其中 SYBR Green Ⅰ核酸染料就是其中较为优秀的一种。

　　SYBR Green Ⅰ是高灵敏的 DNA 荧光染料(图 2-1),适用于各种电泳分析,操作简单,无需脱色或冲洗;至少可检出 20pg DNA,灵敏度高于 EB 染色法 25～100 倍。SYBR Green Ⅰ与 dsDNA 结合,荧光信号会增强 800～1000 倍。用 SYBR Green Ⅰ染色的凝胶样品荧光信号强,背景信号低,可适用于多种凝胶电泳方法,如琼脂糖凝胶、聚丙烯酰胺凝胶电泳、脉冲电场凝胶电泳和毛细管电泳等。

　　SYBR Green Ⅰ与双链 DNA 的亲和力非常高,因此可以用做电泳前染色,对分子生物学中常用的酶,如 Taq酶、反转录酶、内切酶、T4 连接酶等没有抑制作用;尤为重要的是,SYBR Green Ⅰ无明显诱变能力。

　　下面我们对电泳用 SYBR Green Ⅰ的使用方法进行简单介绍。

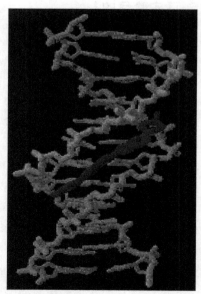

图 2-1　SYBR Green Ⅰ荧光染料
与 DNA 双链结合

一、SYBR Green Ⅰ预染色方法

该方法适于琼脂糖凝胶电泳和 PAGE 凝胶电泳。

1. 工作液的配制

用电泳缓冲液将 10000× 的 SYBR GreenⅠ稀释 100 倍,即为 SYBR GreenⅠ工作液。SYBR GreenⅠ工作液可以置 2～8℃冷藏 1 个月以上。

2. 制胶

按常规方法制胶,不含任何染料。

3. 样品染色

向分析样品中加入 SYBR GreenⅠ工作液和上样缓冲液,室温放置10min,使 SYBR GreenⅠ与样品中 DNA 充分结合。SYBR GreenⅠ工作液加入量为总上样量的 1/10。

4. DNA 相对分子质量标准染色

将 5μl DNA 相对分子质量标准和 1μl SYBR GreenⅠ工作液混匀,室温放置 5min,使 SYBR GreenⅠ与 DNA 充分结合。

5. 上样、电泳

按常规操作。

二、SYBR Green Ⅰ后染方法

1. 按照常规方法进行电泳。

2. 用 pH7.0～ 8.5 的缓冲液,如 TAE、TBE 或 TE,按照 10000∶1 的比例稀释 SYBR GreenⅠ浓缩液,混匀,制成染色溶液。

3. 将染色溶液倒入合适的聚丙烯容器中,放入凝胶,用铝箔等盖住容器使染料避光。室温振荡染色 10～30min,染色时间因凝胶浓度和厚度而定。聚丙烯酰胺凝胶直接在玻璃平皿上染色,将配好的工作溶液轻轻地倒在胶板上,让工作液均匀地覆盖整个胶板,并染色 30min。玻璃平皿必须预先经过硅烷化溶液处理(避免染料吸附在玻璃表面上)。

本实验采用 SYBR Green Ⅰ预染色方法对核酸样品进行染色。用缓冲液 TE(pH8.0)将 10000× 的 SYBR GreenⅠ稀释 100 倍,即为 SYBR GreenⅠ工作液。将 SYBR GreenⅠ工作液与 6×DNA 上样缓冲液等体积混匀,保存于 −20℃下。使用时将上述混合液与核酸样品按体积比 1∶2 混匀,反应 10min 后即可上样。DNA 相对分子质量标准染色:将 5μl DNA 相对分子质量标准和 1μl SYBR GreenⅠ工作液混匀,室温放置 5min,使 SYBR GreenⅠ与 DNA 充分结合。

图 2-2 为琼脂糖凝胶电泳的效果图。

【实验材料】

质粒 DNA、植物总 DNA 或它们的酶切产物等。

【实验器材】

100～1000μl、20～200μl、0.5～10μl 移液枪,核酸电泳仪

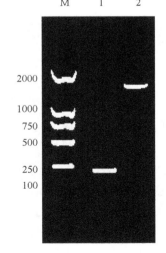

图 2-2 DNA 琼脂糖凝胶电泳图谱
M−DNA 相对分子质量标准;
1、2−不同相对分子质量的 DNA 样品

（图 2-3），烧杯，容量瓶等。

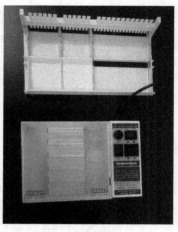

图 2-3　核酸电泳仪

【实验步骤】

1. 用胶带将洗净、干燥的制胶板的两端封好，水平放置在工作台上。

2. 调整好梳子的高度。

3. 称取 1g 琼脂糖，放入三角瓶中，加入 100ml 0.5× TAE，在微波炉中使琼脂熔化。

4. 等温度降至不烫手时（大约 55℃），在安装好梳子的制胶槽上制胶。

5. 待凝胶完全冷却（约 20min）后，轻轻拔出梳子，将凝胶移至电泳槽内，并使电泳缓冲液完全浸没凝胶。

6. 将保存于 -20℃ 下的等体积混匀的 SYBR Green Ⅰ工作液与 6×DNA 上样缓冲液取出，将该混合液与核酸样品按体积比 1∶2 混匀，预染 10min 后上样。DNA 相对分子质量标准染色：将 5μl DNA 相对分子质量标准和 1μl SYBR Green Ⅰ工作液混匀，室温放置 5min，使 SYBR Green Ⅰ与 DNA 充分结合。取 6μl DNA 相对分子质量标准加入点样孔。

7. 使用 TAE 缓冲液一般采用 50V 电压，从负极向正极移动。

8. 当溴酚蓝（bromophenol blue, Bb）接近胶的先端时，停止电泳。

9. 在紫外灯下观察，摄像。DNA 存在的位置呈现荧光。对照 DNA 相对分子质量标准的条带确定质粒抽提产物的大小。

【注意事项】

1. 影响 DNA 在琼脂糖凝胶中迁移率的因素有：

（1）DNA 分子大小：迁移率 U 与 $\log N$ 成反比（N 为碱基对数目）。分子大小相等，电荷基本相等（DNA 结构重复性）。分子越大，迁移越慢。等量的空间时，结构紧密的 DNA 分子电泳快（超螺旋 DNA＞线性 DNA）。

（2）琼脂糖浓度：琼脂糖浓度与迁移率的关系如下式所示：

$$\log U = K_r t \log U_0$$

式中：U 为迁移率，U_0 为 DNA 的自由电泳迁移率，t 为胶浓度，K_r 为介质阻滞系数。不同的凝胶浓度，分辨不同大小的 DNA。

琼脂糖浓度：0.5%：1～30kb；0.7%：0.8～12kb；1.2%：0.4～7kb；1.5%：0.2～3kb。

（3）DNA 构象：迁移率一般为：超螺旋环状 DNA＞线性 DNA＞单链开环 DNA。当条件变化时，情况会相反，还与琼脂糖的浓度、电流强度、离子强度及 SYBR Green Ⅰ含量有关。

（4）所加电压：低电压时，线性 DNA 片段的迁移率与所加电压成正比。使分辨效果好，凝胶上所加电压不应超过 5V/cm。

（5）碱基组成与温度：一般影响不大，可在 4～30℃ 操作。

（6）嵌入染料的存在：可降低线性 DNA 迁移率，故不提倡加在电泳液中。

（7）电泳缓冲液（0.5×TBE）的组成及其离子强度：无离子存在时，核酸基本不泳动，离子强度过大，产热厉害，熔化凝胶并导致 DNA 变性，一般采用 1×TAE、1×TBE、1×TPE（均含 EDTA，pH8.0）。

2. 若使用 EB 染色，因其为致癌剂，操作时应戴手套，尽量减少台面污染。

3. 电泳指示剂：核酸电泳常用的指示剂有两种：溴酚蓝呈蓝紫色；二甲苯青 FF(xylene cyanol FF)呈蓝色，它携带的电荷量比溴酚蓝少，在凝胶中的迁移率比溴酚蓝慢。

4. 在常规用酒精沉淀核酸的过程中，SYBR Green Ⅰ可以全部从双链核酸上去掉。

5. SYBR Green Ⅰ对玻璃和非聚丙烯材料具有一定亲和力。建议在稀释、贮存、染色等过程中用聚丙烯类容器。

6. 在"SYBR Green Ⅰ预染色方法"中，电泳时间不要超过 2h，否则 SYBR Green Ⅰ会从 DNA 上分离出来，会产生弥散状条带。

7. 在常规用酒精沉淀核酸的过程中，SYBR Green Ⅰ可以全部从双链核酸上去掉。

8. 如果想对用 SYBR Green Ⅰ染过的胶进行 Southern 印迹，建议在预杂化和杂化溶液中加入 0.1%～0.3%的 SDS。

9. 在紫外照射透视下，与双链 DNA 接合的 SYBR Green Ⅰ呈现绿色荧光。如果胶中含有单链 DNA，则颜色为橘黄而不是绿色。

实验 2.2　RNA 琼脂糖凝胶电泳

【实验目的】

了解 RNA 琼脂糖凝胶电泳的原理，学习 RNA 非变性与变性凝胶电泳的实验操作步骤。

【实验原理】

RNA 电泳可以在变性及非变性两种条件下进行。非变性电泳使用 1.0%～1.4%的凝胶，不同的 RNA 条带也能分开，但无法判断其相对分子质量。只有在完全变性的条件下，RNA 的泳动率才与相对分子质量的对数呈线性关系。因此要测定 RNA 相对分子质量时，一定要用变性凝胶。在需快速检测所提总 RNA 样品完整性时，配制普通的 1%琼脂糖凝胶即可。

【实验材料】

酵母总 RNA 或蘑菇的总 RNA 溶液等 RNA 样品。

【实验仪器】

核酸电泳仪，电泳槽，凝胶样品梳，微波炉，移液枪等。

【实验试剂】

1. 1×TAE 电泳缓冲液。

2. SYBR Green Ⅰ染料。

3. 琼脂糖。

4. 6×加样缓冲液。

以下试剂用于变性电泳：

5. MOPS 缓冲液：0.4mol/L 吗啉代丙烷磺酸（MOPS，pH7.0），0.1mol/L NaAc，10mol/L EDTA。

6. 甲醛。

7. 去离子甲酰胺。

【实验步骤】

一、RNA 的非变性电泳

1. 选择孔径大小适合的点样梳，垂直架在胶板的一端，使点样梳底部离电泳槽水平面的距离为 0.5～1mm。

2. 称取 0.25g 琼脂糖，加入 25ml 1×TAE 电泳缓冲液中，微波炉加热使琼脂糖溶解均匀。

3. 于 50ml 的离心管中加入 1.25μl EB（10mg/ml）。

4. 待凝胶冷却至 50℃左右，将凝胶倒入 50ml 离心管中。

5. 将离心管中的凝胶溶液轻轻倒入电泳凝胶板上，除去气泡。

6. 待凝胶凝固后，小心取出点样梳。

7. 在电泳槽中加入 1×TAE 电泳缓冲液，将胶板放入电泳槽中（点样孔一端靠近电泳槽的负极），使电泳缓冲液没过胶面。

8. 待测样品中加入 1/6 体积的 6×上样缓冲液，混合后，移液枪点样，记录样品点样顺序及点样量。

9. 连接电泳槽与电泳仪之间的电源线，正极为红色，负极为黑色。

10. 开启电源，开始电泳，最高电压不超过 5V/cm。

11. 当指示剂跑过胶板的 2/3，可终止电泳。切断电源后，将电泳凝胶块放在凝胶成像仪中观察，拍照、观察。电泳图谱如图 2-4 所示。

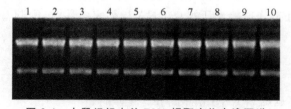

图 2-4　大鼠组织中总 RNA 提取产物电泳图谱

二、RNA 的变性琼脂糖凝胶电泳

1. 电泳槽清洗

去污剂洗干净（一般浸泡过夜）——→水冲洗——→乙醇干燥——→3% H₂O₂ 灌满——→室温放

置 10min ——→0.1%DEPC 水冲洗。

2. 将制胶用具用 70%乙醇冲洗一遍,晾干备用。

3. 配制琼脂糖凝胶

(1) 称取 0.5g 琼脂糖,置干净的 100ml 三角瓶中,加入 40ml 蒸馏水,微波炉内加热使琼脂糖彻底溶化均匀。

(2) 待胶凉至 60～70℃,依次向其中加入 9ml 甲醛、5ml 10×MOPS 缓冲液和 0.5μl 溴化乙锭,混合均匀。

(3) 灌制琼脂糖凝胶。

4. 样品准备

(1) 取 DEPC 处理过的 500μl 小离心管,依次加入如下试剂:10×MOPS 缓冲液 2μl、甲醛 3.5μl、甲酰胺(去离子)10μl、RNA 样品 4.5μl,混匀。

(2) 将离心管置于 60℃水浴中保温 10min,再置冰上 2min。

(3) 向管中加入 3μl 上样染料,混匀。

5. 上样

6. 电泳

电泳槽内加入 1×MOPS 缓冲液,于 7.5V/ml 的电压下电泳。

7. 电泳结束后,在紫外灯下检查结果。

【注意事项】

RNA 琼脂糖凝胶电泳中务必去除 RNA 酶的污染,所有的试剂需用 DEPC 水配制,所用的器材也要的 DEPC 处理并灭菌,防止 RNA 被降解。

实验 2.3　从低熔点胶琼脂糖凝胶中分离回收 DNA 片段

【实验目的】

1. 了解分离纯化 DNA 片段中的污染物的方法和原理。

2. 掌握 PCR 产物纯化的实验技术,为后续的连接反应和转化反应打下良好的基础。

【实验原理】

首先利用低熔点琼脂糖凝胶电泳分离目的条带 DNA,然后于紫外光下切割含目的 DNA 条带的胶块,利用胶回收试剂盒回收纯化 DNA 片段。试剂盒的胶回收柱采用特殊硅基质材料,在一定的高盐缓冲系统下高效、专一地吸附 DNA、RNA,配备设计独特的离心吸附柱式结构。使用常规台式高速离心机,在几分钟内即可以高效回收核酸片段。

【实验材料】

DNA 样品,低熔点琼脂糖。

【实验器材】

琼脂糖凝胶电泳系统,紫外观察分析仪,离心机,单面刀片,恒温水浴锅。

【实验试剂】

DNA 回收试剂盒,50×TAE,ddH$_2$O。

【实验步骤】

1. 将已经电泳确定的可回收的酶切产物在合适浓度的回收用琼脂糖凝胶进行电泳。最好换用新的电泳缓冲液 10×TAE。

2. 当溴酚蓝迁移至足够距离时(至少 2cm 以上),在长波紫外灯下观察,用清洗过的刀片在目的片段前切下与目的片段同长、宽度适当(一般 2cm 左右)的胶块。

3. 将切好的回收胶块放在回收胶槽内,在切去胶块处加入低熔点琼脂糖胶,待其凝固后将其小心放回电泳槽继续进行电泳。小心低熔点琼脂糖凝胶块与原回收胶块的交界面易断裂。

4. 待目的带完全进入低熔点琼脂糖胶后,在长波紫外灯下用清洗过的刀片切下含有所需 DNA 带的凝胶条,置于新的灭菌的 1.5ml 离心管中,加 300μl TE。

5. 65℃水浴 10min 或更久使胶块完全熔化。

6. 立即加入等体积(300~350μl)Tris·Cl 饱和酚(pH8.0),摇晃混匀。

7. 12000r/min 离心 5min。

8. 小心将水相移到另一 1.5ml 离心管中,加入 2.5~3 倍体积(780μl 即可)预冷无水乙醇。注意不要吸入下层杂质及酚相,没把握时宁可放弃一些上层水相。

9. 12000r/min 离心 5min。

10. 小心将水相移到另一 1.5ml 离心管中,加入 2.5~3 倍体积(780μl 即可)预冷无水乙醇。注意不要吸入下层杂质及酚相,没把握时宁可放弃一些上层水相。

11. 置液氮 3min,取出后可置于-20℃几分钟。小心防止管子爆裂。

12. 12000r/min 离心 10min。

13. 迅速弃上清,一般在管底会有针尖大小的沉淀物,小心用无水乙醇清洗后置于恒温器(55℃)上干燥 5~10min 至无乙醇气味,再加入 20μl ddH$_2$O 溶解。

14. 取 20μl 电泳定量后,于-20℃储存备用。

【注意事项】

1. 切胶时应快速操作,在紫外灯下时间长容易伤害到眼睛。

2. 溴化乙锭染色后的 DNA 易受紫外光破坏,故尽量放置于暗室,切带时应使用长波长紫外灯,切胶时间尽量短。

3. 胶块一定要充分融化,否则将会严重影响 DNA 的回收率。

4. 把洗脱液加热,使用时有利于提高洗脱液效率。

实验 2.4　SDS-聚丙酰胺凝胶电泳

【实验目的】

学习 SDS-聚丙酰胺凝胶电泳法和测定蛋白质相对分子质量及纯度的技术。

【实验原理】

聚丙烯酰胺凝胶是由单体丙烯酰胺（acrylamide，Acr）和交联剂（又称为共聚体）N，N'-亚甲基双丙烯酰胺（methylene-bisacrylamide，Bis）在引发剂过硫酸铵（APS）和增速剂 N,N,N',N'-四甲基乙二胺（N,N,N',N'-tetramethylene diamine，TEMED）的作用下聚合交联形成含酰胺基侧链的脂肪族长链，在相邻长链之间通过甲叉桥连接而形成的三维网状结构物质。聚丙烯酰胺凝胶孔径的大小与链长度和交联度有关，无论丙烯酰胺的量的多少，当 N,N'-亚甲基双丙烯酰胺的量为总丙烯酰胺的 5％时，其平均孔径最小，因此一般将 N,N'-亚甲基双丙烯酰胺的含量固定于总量的 5％，然后通过改变丙烯酰胺的总量来调节孔径的大小，即有效孔径随着丙烯酰胺的总量的增加而减少。

以聚丙烯酰胺凝胶为支持物的电泳称为聚丙烯酰胺凝胶电泳（polyacrylamide gel electrophoresis，PAGE）。与其他凝胶相比，聚丙烯酰胺凝胶有下列优点：① 在一定浓度时，凝胶透明，有弹性，机械性能好。② 化学性能稳定，与被分离物不起化学反应。③ 对 pH 和温度变化较稳定。④ 几乎无电渗作用，只要 Acr 纯度高，操作条件一致，则样品分离重复性好。⑤ 样品不易扩散，且用量少，其灵敏度可达 10^{-6} g。⑥ 凝胶孔径可调节，根据被分离物的相对分子质量选择合适的浓度，通过改变单体及交联剂的浓度调节凝胶的孔径。⑦ 分辨率高，尤其在不连续凝胶电泳中，集浓缩、分子筛和电荷效应为一体，因而有更高的分辨率。

PAGE 应用范围广，可用于蛋白质、酶、核酸等生物分子的分离、定性、定量及少量的制备，还可测定相对分子质量、等电点等。但应注意丙烯酰胺是一种潜在的神经毒素，其作用效应能积累，操作时应戴手套。

蛋白质在聚丙烯酰胺凝胶中电泳时，它的迁移率取决于它所带净电荷及分子的大小、形状等因素。如果加入一种试剂使电荷因素消除，那电泳迁移率就取决于分子的大小，就可以用电泳技术测定蛋白质的相对分子质量，SDS-聚丙烯酰胺凝胶电泳（sodium dodecyl sulfate polyacrylamide gel electrophoresis，十二烷基硫酸钠-聚丙烯酰胺凝胶电泳，SDS-PAGE）即可实现这一目标。

SDS 是一种阴离子去污剂，作为变性剂和助溶剂，它能断裂分子内和分子间的氢键和疏水键，使分子去折叠，破坏蛋白质分子的二级和三级结构。强还原剂，如巯基乙醇和二硫苏糖醇则能使半胱氨酸残基之间的二硫键断裂。在样品和凝胶中加入 SDS 和还原剂后，蛋白质分子被解聚成单个亚基，解聚后的氨基酸侧链与 SDS 充分结合形成带有负电荷的蛋白质-SDS胶束，所带的负电荷大大超过了蛋白分子原有的电荷量，这就消除了不同分子之间原有的电荷差异，使蛋白质分子的电泳迁移率不再受蛋白质原有电荷和形状的影响，而主要取决于蛋白质或亚基相对分子质量的大小。

SDS-PAGE 电泳成功的关键之一是电泳过程中,特别是样品制备过程中蛋白质和 SDS 的结合程度。影响它们结合的因素主要有三个:① 溶液中 SDS 单体的浓度。SDS 在水溶液中是以单体和 SDS-多肽胶束(SDS-polypeptide micelles)混合形式存在的,能与蛋白质分子结合的是单体。单体的浓度与 SDS 总浓度、温度和离子强度有关。由于 SDS 与蛋白质结合是按重量成比例的,即在一定温度和离子强度下,当 SDS 总浓度增加到某一定值时,溶液中的 SDS 浓度不再随 SDS 总浓度的增加而升高。当 SDS 单体浓度大于 1mmol/L 时,大多数蛋白质与 SDS 结合的重量比为 1:1.4,如果 SDS 单体浓度降到 0.5mmol/L 以下时,两者的结合比仅为 1:0.4。这样就不能消除蛋白质原有的电荷差别,也就不能进行相对分子质量测定。为了保证蛋白质与 SDS 的充分结合,它们的重量比应为 1:4 或 1:3。高温有利于 SDS 与蛋白质的结合,样品处理时常在沸水浴中保温。② 样品缓冲液的离子强度。因为 SDS 结合到蛋白质分子上的量仅取决于平衡时 SDS 的单体浓度,不是总浓度,而只有在低离子强度的溶液中,SDS 单体才具有较高的平衡浓度。所以 SDS 电泳的样品缓冲液离子强度较低,常为 10～100mmol/L。③ 二硫键是否完全被还原。只有二硫键被彻底还原后,蛋白质分子才能被解聚,SDS 才能定量地结合到亚基上而给出相对迁移率和相对分子质量对数的线性关系。因此电泳时蛋白质分子的迁移率仅取决于分子的大小,可根据大小蛋白质分子在聚丙烯酰胺凝胶中电泳速度不同即可分离蛋白质,并测出它们的相对分子质量。当蛋白质相对分子质量在 $(12～165)×10^3$,蛋白质分子的迁移率与相对分子质量的对数呈直线关系,符合 $logM_r = K - bx$(M_r 为相对分子质量,x 为迁移率,K、b 均为常数)。

SDS-PAGE 经常应用于提纯过程中纯度的检测,纯化的蛋白质通常在 SDS-PAGE 上只有一条带,但如果蛋白质是由不同的亚基组成的,它在电泳中可能会形成分别对应于各个亚基的几条带。SDS-PAGE 具有较高的灵敏度,一般只需要不到微克量级的蛋白质,而且通过电泳还可以同时得到关于相对分子质量的情况,这些信息对于了解未知蛋白及设计提纯过程都是非常重要的。

【实验材料】

工程菌 pET-32a(＋)-PlyCA/BL21 或 pET-32a(＋)-PlyCB/BL21 表达产物(详见第 6 章)或其他未知蛋白质样品。

【实验器材】

蛋白电泳仪器套件(图 2-5),扫描仪等。

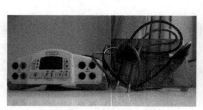
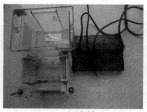

a. 电源　　　　　　　b. 电泳槽　　　　　c. 灌胶支架、玻璃板、梳子

图 2-5　聚丙烯酰胺凝胶电泳

【实验试剂】

1. 30％储备胶溶液：29g 丙烯酰胺（Acr），1g 亚甲基双丙烯酰胺（Bis），混合后用 ddH$_2$O 定容至 100ml，置棕色瓶中 4℃保存

2. 1.5mmol/L Tris-HCl（pH8.8）：18.17g Tris 加 ddH$_2$O 溶解，浓盐酸调 pH 至8.8，定容至 100ml，4℃保存。

3. 0.5mmol/L Tris-HCl（pH6.8）：6g Tris 加 ddH$_2$O 溶解，浓盐酸调 pH 至 6.8，定容至 100ml，4℃保存。

4. 10％ SDS：10g SDS 加 ddH$_2$O 溶解，pH 调至 7.2，定容至 100ml。

5. 10×电泳缓冲液（pH8.3）：6g Tris，28.8g 甘氨酸，10g SDS，加 ddH$_2$O 溶解，定容至 1L，4℃保存，使用时稀释至 1×。

6. 10％过硫酸铵（AP）：0.1g AP 加 ddH$_2$O 至 1ml，使用时需临时配制。

7. TEMED（N,N,N',N'-四甲基乙二胺）。

8. 2×SDS 电泳上样缓冲液：1.25ml 0.5mol/L Tris-HCl（pH6.8），0.5ml β-巯基乙醇（或 200mmol/L 二硫苏糖醇），2.0ml 10％ SDS，2.5ml 甘油，0.2ml 0.5％（m/V）溴酚蓝，3.55ml ddH$_2$O。

9. 0.25％考马斯亮蓝染色液：1.25g 考马斯亮蓝 R-250，200ml 95％乙醇，50ml 冰醋酸，混合溶解后加 ddH$_2$O 约 250ml，定容至 500ml。

10. 脱色液：95％乙醇：冰醋酸：ddH$_2$O＝4：1：5（$V:V:V$）配制而成。

【实验步骤】

1. 装板

2. 配胶

本实验采用 SDS-PAGE 不连续系统。根据所测蛋白质相对分子质量范围，选择适宜的分离胶浓度。按表 2-1 配制分离胶和浓缩胶。

表 2-1　SDS-PAGE 分离胶和浓缩胶配制用量表

试剂名称	配制 10ml 不同浓度分离胶所需各种试剂用量/ml				配制 5ml 浓缩胶所需试剂用量/ml
	8％	10％	12％	15％	5％
重蒸馏水	4.72	4.06	3.39	2.39	3.44
30％储备胶溶液	2.67	3.33	4.00	5.00	0.83
分离胶缓冲液(pH8.8 Tris-HCl)	2.40	2.40	2.40	2.40	—
浓缩胶缓冲液(pH6.8 Tris-HCl)	—	—	—	—	0.63
10％ SDS	0.10	0.10	0.10	0.10	0.05
以上样品混合后再加入 AP 和 TEMED，迅速制胶					
10％ AP	0.10	0.10	0.10	0.10	0.05
TEMED	0.01	0.01	0.01	0.01	0.005

3. 制备凝胶板

（1）分离胶制备：按表 2-1 所示配制 10ml 分离胶（约为制备 2 块胶的用量），混匀后用细长头滴管将凝胶液加至长、短玻璃板间的缝隙内，约距离短板边缘 1.5cm 高，用移液枪取少许蒸馏水，沿长玻璃板板壁缓慢注入，约 3~4mm 高，以进行水封。约 30min 后，凝胶与水封层间出现折射率不同的界线，则表示凝胶完全聚合。倾去水封层的蒸馏水，再用滤纸条吸去多余水分。

（2）浓缩胶的制备：按表 2-1 所示配制 5ml 浓缩胶（约为制备 2 块胶的用量），混匀后用细长头滴管将浓缩胶加到已聚合的分离胶上方，直至距离短玻璃板上缘约 0.3cm 处，轻轻将样品槽模板插入浓缩胶内，避免带入气泡。约 30min 后凝胶聚合，再放置 20~30min。待凝胶凝固，小心拔去样品槽模板，用窄条滤纸吸去样品凹槽中多余的水分，将 pH8.3 Tris-甘氨酸缓冲液倒入上、下贮槽中，应没过短板约 0.5cm 以上，即可准备加样。

4. 样品处理及加样

取菌液 1.0ml 置于 1.5ml 离心管，12000r/min 离心 5min，弃上清，沉淀中按 1∶1 加入 2×SDS 电泳上样缓冲液和水共 200μl，混匀，沸水浴加热 10min，12000r/min 离心 1min，冷却至室温备用。处理好的样品液如经长期存放，使用前应在沸水浴中加热 1min，以消除亚稳态聚合。一般加样体积为 10~15μl。如样品较稀，可增加加样体积。用微量注射器或移液枪小心将样品通过缓冲液加到凝胶凹形样品槽底部，待所有凹形样品槽内都加了样品，即可开始电泳。

5. 电泳

将直流稳压电泳仪开关打开，开始时将电压调至 120V，待样品进入分离胶时，将电压调至 160V。当蓝色染料迁移至底部时，将电压调回到零，关闭电源。拔掉固定板，取出玻璃板，用刀片轻轻将一块玻璃撬开移去，在胶板一端切除一角作为标记，将胶板移至大培养皿中染色。

6. 染色及脱色

将染色液倒入培养皿中，染色 0.5h 左右，用蒸馏水漂洗数次，再用脱色液脱色，其间更换若干次脱色液，直到蛋白区带清晰。

7. 拍照

将胶放到凝胶成像系统中成像，结果如图 2-6 所示。

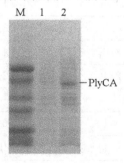

图 2-6　工程菌外源基因表达蛋白的 SDS-PAGE 结果

M-蛋白质相对分子质量标准；1-阴性对照；2-PlyCA（目的蛋白）

8. 目的蛋白表达情况分析

根据标准蛋白质相对分子质量查找目的蛋白条带位置,对表达情况进行分析。可用凝胶成像系统对表达情况作进一步详细分析。

【注意事项】

1. 在加过硫酸铵和 TEMED 之前,溶液最好抽气,防止溶解在溶液里的分子氧在聚合时产生气泡,使胶不均一。

2. 过硫酸铵和 TEMED 的量应根据室温和聚合情况而定。

3. 分离胶聚合后最好在 4℃放置 12h 后再使用,以使凝胶充分聚合,改善电泳时的分辨率。

4. 为防止气泡陷入,梳子应倾斜插入。

5. 如果带着梳子过夜可能会影响分辨率,所以浓缩胶最好在使用前再灌制。

6. 如果没有足够数目的样品,应在加样孔中加样品缓冲液,不要留有空孔,以防止电泳时邻近的带扩展。

7. 对样品浓度不确定的情况下,加样时使用梯度加样法,能大致估计出样品的浓度。

【思考题】

1. SDS-聚丙烯酰胺凝胶电泳与聚丙烯酰胺凝胶电泳原理上有何不同?

2. 用 SDS-凝胶电泳法测定蛋白质相对分子质量时为什么要用巯基乙醇或者二硫苏糖醇?

3. 用 SDS-聚丙烯酰胺凝胶电泳测定蛋白质的相对分子质量,为什么有时和凝胶层析法所得结果有所不同? 是否所有的蛋白质都能用 SDS-凝胶电泳法测定其相对分子质量? 为什么?

【参考文献】

[1] 超永芳.生物化学技术原理及其应用[M].武汉:武汉大学出版社,1994.

[2] 李永明,赵玉琪等.实用分子生物学方法手册[M].北京:科学出版社,1998.

[3] 王重庆等.高级生物化学实验教程[M].北京:北京大学出版社,1994.

[4] 朱旭芬.基因工程实验指导[M].北京:高等教育出版社,2006.

[5] 严海燕.基因工程与分子生物学实验教程[M].武汉:武汉大学出版社,2009.

第 3 章

DNA 扩增和 cDNA 文库的构建

实验 3.1　聚合酶链反应扩增目的 DNA

聚合酶链反应(polymerase chain reaction,PCR)是 20 世纪 80 年代中期发展起来的一种体外核酸扩增技术。它具有特异、敏感、产率高、快速、简便、重复性好、易自动化等突出优点;能在一支试管内将所要研究的目的基因或某一 DNA 片段于数小时内扩增至十万乃至百万倍,使肉眼能直接观察和判断;可从一根毛发、一滴血,甚至一个细胞中扩增出足量的 DNA 供分析研究和检测鉴定。以前需几天、几星期才能做到的事情,用 PCR 在几小时内便可完成。PCR 技术是生物医学领域中的一项革命性创举,它是基因工程研究的重要方法。

3.1.1　PCR 技术与分析

【实验目的】

掌握 PCR 技术原理及技术方法。

【实验原理】

1. PCR 技术的基本原理

PCR 是在 1985 年由美国 PE-Cetus 公司人类遗传研究室的 Mullis 等人研究发明的一种体外核酸扩增技术。其原理类似于 DNA 的体内复制,是在试管中给 DNA 的体外合成提供合适的条件——模板 DNA,寡核苷酸引物,DNA 聚合酶,合适的缓冲体系,DNA 变性、复性及延伸的温度与时间。

PCR 技术是一种模拟生物体内 DNA 复制过程的体外酶促合成特异性核酸片段技术(亦称无细胞分子克隆技术)。它以待扩增的两条 DNA 链为模板,由一对人工合成的寡核苷酸作为介导,通过 DNA 聚合酶促反应,在体外进行特异 DNA 序列扩增。PCR 类似于 DNA 的天然复制过程,其特异性依赖于与靶序列两端互补的寡核苷酸引物。其过程包括模板变性(denaturation)、引物退火(annealing)和用 DNA 聚合酶延伸(elongation)退火引物在内的重复循环系列,使末端被引物 5' 端限定的特异性片段成指数形式累积。PCR 的变性—退火—延伸三个基本反应步骤具体构成如下：

（1）模板 DNA 的变性：模板 DNA 经加热至 94℃左右一定时间后，使模板 DNA 双链或经 PCR 扩增形成的双链 DNA 解离，使之成为单链，以便与引物结合，为下轮反应作准备。

（2）模板 DNA 与引物的退火（复性）：模板 DNA 经加热变性成单链后，温度降至 55℃左右，引与模板 DNA 单链的互补序列配对结合。

（3）引物的延伸：DNA 模板-引物结合物在 Taq DNA 聚合酶的作用下，以 dNTP 为反应原料，靶序列为模板，按碱基配对与半保留复制原理，沿着模板以 5'端到 3'端方向延伸，合成一条新的与模板 DNA 链互补的半保留复制链。

变性—退火—延伸三过程重复循环，从而获得大量目的 DNA 片段。由于在每一循环中合成的引物延伸产物可作为下一循环中的模板，因此，PCR 的特定靶 DNA 的拷贝数几乎呈几何级数增长，在数小时内，经过 30 个循环，理论上可使 DNA 扩增至 10^9 倍。图 3-1 为 PCR 反应示意图，图 3-2 为 PCR 反应过程图。

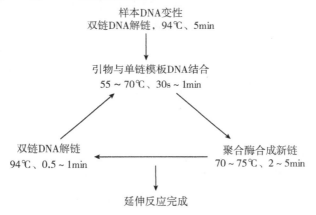

图 3-1　PCR 反应示意图

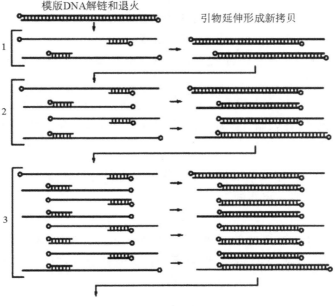

图 3-2　PCR 反应过程图

PCR 反应中引物的选择、循环参数的确定是非常重要的。

2. 引物设计

引物(primer)是指两段与待扩增靶 DNA 序列侧翼片段具有互补碱基特异性的寡核苷酸(单链 DNA 片段)。引物包括引物 1 和引物 2 两种。引物 1 是 5'端与正义链互补的寡核苷酸,用于扩增编码链或 mRNA 链;引物 2 是 3'端与反义链互补的寡核苷酸,用于扩增 DNA 模板链或反密码链。当两段引物与变性双链 DNA 的两条单链 DNA 模板退火后,两引物的 5'端即决定了扩增产物的两个末端位置,而扩增的片段长度等于两个引物间的序列片段长度。引物的长度大约为 20～30 个寡核苷酸,一般可以用 DNA 合成仪合成。根据统计学计算,长约 17 个碱基的寡核苷酸序列在人的基因组 DNA(3×10^9 bp)中可能出现的概率为 1 次,因此只要引物不少于 16 个核苷酸,即能保证 PCR 扩增的序列特异性。如果引物过短,会产生非特异性结合,而过长会造成浪费。

引物设计是 PCR 中重要的一步。理想的引物只对目的序列两侧的单一序列而非其他序列退火。设计糟糕的引物可能会同时扩增其他的非目的序列。引物设计应具备以下原则:

(1) 引物长度在 15～30bp。引物需要足够长,保证序列独特性,并降低序列存在于非目的序列位点的可能性。但是长度大于 30bp 的引物并不意味着更高的特异性。较长的序列可能会与错误配对序列杂交,降低了特异性,而且比短序列杂交慢,从而降低了产量。

(2) G+C 含量以 40%～60%为宜,G+C 太少则扩增效果不佳,G+C 过多则易出现非特异条带。同时,尽可能选择碱基随机分布的序列,ATGC 最好随机分布,避免 5 个以上的嘌呤或嘧啶核苷酸的成串排列。

(3) 两个引物之间不应有互补序列。应避免引物内部出现二级结构,避免两条引物间互补,特别是 3'端的互补,否则会形成引物二聚体,产生非特异的扩增条带。

(4) 引物 3'端的保守性很重要,尽量要求使用非简并性密码或简并性较低的密码,如尽量不要选择具有六个密码子的氨基酸。每条引物内部应避免具有明显的二级结构(发夹结构)。所谓发夹结构,是指发夹柄至少含有 4 个碱基配对,而发夹环至少有 3 个碱基,这会破坏引物退火稳定性,尤其应避免在引物的 3'端出现。

(5) 引物 3'端的碱基,特别是最末及倒数第二个碱基,应严格要求配对,以避免因末端碱基不配对而导致 PCR 失败。

(6) 根据实验需要可以在引物的 5'端引入适当的限制性酶切位点,这对酶切分析或分子克隆很有好处。此外,在限制性酶切位点的 5'端前还要添加限制酶的保护碱基 2～4 个。

3. PCR 反应参数

PCR 扩增是由变性—退火—延伸三个步骤反复循环实现的,其中每一步骤的温度、时间以及循环次数等参数是非常重要的。

(1) 变性(denaturation)

模板 DNA 变性即双链解链的温度和控制是非常重要的。变性是高温短时,一般为 94℃、30s～1min。对于富含 GC 的序列,可适当提高变性温度,但变性温度过高或时间过长都会导致酶活性的损失。若变性不完全,会影响 PCR 产物产量;反之,过度变性(温度过高、时间过长)会加快酶的失活。需要注意的是,在第一轮循环前,需要加一个预变性反应,即在

94℃下变性 5~10min。

（2）退火（annealing）

退火温度是影响 PCR 特异性的较重要因素，合理的退火温度 55~70℃。由于模板 DNA 比引物复杂得多，引物和模板之间的碰撞结合机会远远高于模板互补链之间的碰撞。退火温度与时间，取决于引物的长度、碱基组成及其浓度，还有靶基序列的长度。一般退火时间低于扩增引物的熔解温度（melting temperature，T_m）5℃。例如，20bp、G＋C 含量约 50% 的引物，其退火温度选择 50℃ 较为理想。引物的复性温度可通过以下公式帮助选择：

T_m 值（解链温度）＝4（G＋C）＋2（A＋T）＋35－2n

式中：n 为引物长度。

复性温度＝T_m 值－5℃

此方法计算的 T_m 值适合于 70℃ 以下的情况。

两个引物的 T_m 有差别时，则根根据 T_m 低的一方引物的 T_m 值设定退火温度。

（3）延伸（elongation）

PCR 反应的延伸温度取决于 DNA 聚合酶的最适温度，一般选择 70~75℃，常用温度为 72℃。1min 的延伸足以完成 2kb 的序列。过高的延伸温度不利于引物和模板的结合。PCR 延伸反应的时间，取决于待扩增片段的长度、浓度和延伸温度。一般 1kb 以内的 DNA 片段，延伸时间 1min 是足够的；3~4kb 的靶序列需 3~4min；扩增 10kb 需延伸至 15min。延伸进间过长会导致非特异性扩增带的出现。对低浓度模板的扩增，延伸时间要稍长些。

（4）循环次数（cycle）

当其他参数确定之后，循环次数主要取决于 DNA 浓度。一般而言，25~40 轮循环已经足够，常用为 30 个周期。循环次数过高，会增加非特异性产物的量及其复杂度。

【实验材料】

DNA 样品溶液。

【实验器材】

0.2ml 离心管，移液枪，旋涡振荡器，微波炉，电子天平，制冰机，PCR 扩增仪（图 3-3），小型高速离心机，电泳仪，电泳槽，凝胶成像系统等。

图 3-3　PTC-200 智能 PCR 仪

【实验试剂】

1. 上下游引物。

2. dNTPs。

3. *Taq* DNA 聚合酶。

4. $MgCl_2$,重蒸水,石蜡油。

5. 10×PCR 缓冲液。

6. DNA 相对分子质量标准,进口琼脂糖。

7. 10×TBE 缓冲液:900mmol/L Tris,900mmol/L 硼酸,100mmol/L EDTA,pH 调至 8.0,高压灭菌,用时可稀释为 0.5×TBE 缓冲液或 1×TBE 缓冲液。

8. 溴酚蓝电泳加样缓冲液:0.25% 溴酚蓝,0.25% 二甲苯青 FF,40%(m/V)蔗糖水溶液。

9. 10mg/ml 溴化乙锭(EB)染色液或 SYBR Green Ⅰ 工作液(详见实验 2.1)。

【实验步骤】

1. PCR 反应物的配制

将表 3-1 所示的各种溶液放在冰上,并按表中所示从上到下的顺序和相应的用量依次加到一个灭过菌的 0.2ml 离心管中,混合加重蒸水定容至 $25\mu l$。

表 3-1　PCR 反应物的组成

试　剂	用量/μl
10×PCR 缓冲液	2.5
2mmol/L dNTP	2.5
25mmol/L Mg^{2+}	2.5
12.5μmol/L 上游引物	1.0
12.5μmol/L 下游引物	1.0
100~200ng/μl 模板 DNA	1.0
0.5U/μl *Taq* DNA 聚合酶	1.0
ddH_2O	0.5

2. 振荡混匀,然后短暂离心(如果是利用非盖子加热型的 PCR 仪,则向管中加 $50\mu l$ 石蜡油,防止样品水分蒸发)。

3. 将反应管放入 PCR 仪中,按下列程序运行,进行 PCR 反应。

94℃ 条件下预变性　4min

94℃ 变性　1min

60℃ 退火　1min　　循环 30 次

72℃ 延伸　1min

72℃ 终延伸　7~10min

注：退火温度和时间不是固定的，可根据引物的长度和组成而改变；变性和延伸时间根据目的序列长度和浓度可作调整。

4. 将 PCR 产物用 1.0%～2.0%琼脂糖凝胶电泳，分析结果，鉴定 PCR 产物是否存在以及其大小。电泳条件：50～100V，0.5～2h。

5. 电泳结束后，用紫外分析仪检查电泳结果。电泳结果如图 3-4 所示。

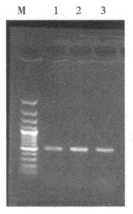

图 3-4　PCR 图像

M－DNA 相对分子质量标准；1,2,3－PCR 产物

【思考题】

1. PCR 技术的基本原理是什么？

2. 在 PCR 特异性扩增中，对引物有什么要求？

3. PCR 的反应参数主要是什么？

3.1.2　RAPD 技术

【实验目的】

掌握 RAPD 技术原理及方法。

【实验原理】

DNA 分子水平上的多态性检测技术是进行基因组研究的基础。运用随机引物扩增寻找多态性 DNA 片段的方法即为 RAPD(random amplified polymorphic DNA，随机扩增多态性 DNA)。

RAPD 技术是建立在 PCR 技术基础上，利用一系列(通常数百个)不同的随机排列碱基顺序的寡聚核苷酸单链(通常为 10 聚体)为引物，对所研究基因组 DNA 进行 PCR 扩增。然后用聚丙烯酰胺或琼脂糖凝胶电泳分离，经 EB 染色或放射性自显影来检测扩增产物 DNA 片段的多态性，这些扩增产物 DNA 片段的多态性反映了基因组相应区域的 DNA 多态性。

　　RAPD 所用的一系列引物 DNA 序列各不相同,但对于任一特异的引物,它同基因组 DNA 序列有其特异的结合位点。这些特异的结合位点在基因组某些区域内的分布如符合 PCR 扩增反应的条件,即引物在模板的两条链上有互补位置,且引物 3'端相距在一定的长度范围之内,就可扩增出 DNA 片段。因此,如果引物互补发生碱基突变导致互补位点减少或出现新的互补位点,互补位点之间的 DNA 片段发生插入、缺失或碱基突变,就可能导致 PCR 产物增加、缺少或发生相对分子质量的改变。通过对 PCR 产物检测即可检出基因组 DNA 的多态性。分析时可用的引物数很大,虽然对每一个引物而言其检测基因组 DNA 多态性的区域是有限的,但是利用一系列引物则可以使检测区域几乎覆盖整个基因组。因此,RAPD 可以对整个基因组 DNA 进行多态性检测。另外,RAPD 片段克隆后可作为 RFLP 的分子标记进行作图分析。

　　尽管 RAPD 技术诞生的时间很短,但由于其独特的检测 DNA 多态性的方式以及快速、简便的特点,这个技术已渗透于基因组研究的各个方面。

【实验材料】

DNA 样品溶液。

【实验器材】

0.2ml 离心管,移液枪,旋涡振荡器,微波炉,电子天平,制冰机,PCR 扩增仪,小型高速离心机,电泳仪,电泳槽,凝胶成像系统等。

【实验试剂】

1. 9～10 个碱基的随机引物。

2. dNTPs。

3. *Taq* DNA 聚合酶。

4. $MgCl_2$,重蒸水,石蜡油。

5. 10×PCR 缓冲液。

6. DNA 相对分子质量标准,进口琼脂糖。

7. 10×TBE 缓冲液:900mmol/L Tris,900mmol/L 硼酸,100mmol/L EDTA,pH 调至 8.0,高压灭菌,用时可稀释为 0.5×TBE 缓冲液或 1×TBE 缓冲液。

8. 溴酚蓝电泳加样缓冲液:0.25% 溴酚蓝,0.25% 二甲苯青 FF,40%(m/V) 蔗糖水溶液。

9. SYBR Green Ⅰ荧光染料。

【实验步骤】

1. PCR 反应物的配制

将表 3-2 所示的各种溶液放在冰上,并按表中所示从上到下的顺序和相应的用量依次加入一支灭过菌的 0.2ml 离心管中,混合,加重蒸水定容至 $25\mu l$。

表 3-2　PCR 反应物的组成

试　　剂	用量/μl
10×PCR 缓冲液	2.5
2mmol/L dNTP	2.5
10μmol/L 引物	2.5
25mmol/L Mg^{2+}	2.5
200ng/μl 模板 DNA	1.0
0.U/μl *Taq* DNA 聚合酶	1.0
ddH$_2$O	13

2. 振荡混匀,然后短暂离心(如果是利用非盖子加热型的 PCR 仪,则向管中加 50μl 石蜡油,防止样品水分蒸发)。

3. 将反应管放入 PCR 仪中,按下列程序运行,进行 PCR 反应。

94℃条件下预变性　2min

94℃变性　1min ⎫
36℃退火　1min ⎬ 循环 40 次
72℃延伸　2min ⎭

72℃终延伸　7～10min

注:退火温度不是固定的,可根据引物的长度和组成而改变;变性和延伸时间根据目的序列长度和浓度可作调整。

4. 将 PCR 产物用 1.0%～2.0%琼脂糖凝胶电泳,分析结果,鉴定 PCR 产物是否存在以及其大小。电泳条件:50～100V,0.5～2h。方法同第 2 章实验 2.1。

5. 电泳结束后,用紫外分析仪检查电泳结果。在合适的引物扩增下可产生丰富的多态性带纹。

【思考题】

1. RAPD 的基本原理是什么?

2. 哪些因素影响 RAPD 的扩增结果?

3.1.3　PCR-SSCP 技术

【实验目的】

掌握 PCR-SSCP 技术的基本原理及实验操作步骤。

【实验原理】

SSCP 全称是单链构象多态性(single strand conformation polymorphism),它是 1989 年日本 Orita 等创建的筛查突变的新技术。PCR-SSCP 技术的基本原理是,单链 DNA 片段呈复杂的空间折叠构象,这种立体结构主要是由其内部碱基配对等分子内相互作用力来维持的,当有一个碱基发生改变时,会或多或少地影响其空间构象,使构象发生改变,空间构象有差异的单链 DNA 分子在电泳时由于受排阻大小不同而具有不同的迁移率;因此,通过非变性的聚丙烯酰胺凝胶电泳(PAGE),可以非常敏锐地将构象上有差异的分子分离开。

此后,科学界又将 SSCP 用于检查 PCR 扩增产物的单碱基突变(点突变),从而建立了 PCR-SSCP(polymerase chain reaction-single strand conformation polymorphism)技术,进一步提高了检测突变方法的简便性和灵敏性。其基本过程是:① PCR 扩增靶 DNA;② 将特异的 PCR 扩增产物变性,而后快速复性,使之成为具有一定空间结构的单链 DNA 分子;③ 将适量的单链 DNA 进行非变性聚丙烯酰胺凝胶电泳;④ 最后通过放射性自显影、银染或溴化乙锭/或 SYBR Green I 显色分析结果,若发现单链 DNA 带迁移率与正常对照的相比发生改变,就可以判定该链构象发生改变,进而推断该 DNA 片段中有碱基突变。

为了便于观察分析结果,PCR 扩增体系中常加入 α-^{32}P dNTP 标记 PCR 产物,电泳后放射自显影观察泳动带的位置。目前也常用银染法或溴化乙锭显色法来染色聚丙烯酰胺凝胶上的 DNA 泳动带,此方法可避免同位素的污染及对操作者的辐射损伤,但其灵敏度不如用同位素标记。

单链 DNA 片段的立体构象主要与碱基序列相关,但也受到其他条件的影响。因此,PCR-SSCP 技术的关键在于电泳时的诸多条件,如凝胶的组成、电泳的温度、离子浓度以及影响分子内相互作用的其他溶质等。

该方法是在 PCR 技术基础上发展起来的,是一种简便、快速、灵敏、经济的点突变筛查手段,不需要特殊的仪器,适合临床实验的需要,已被广泛用于癌基因和抑癌基因突变的筛查检测、遗传病的致病基因分析和基因诊断、基因制图等领域。

PCR-SSCP 的缺点是存在假阴性和假阳性,一般对长度不超过 300bp 的待测片段的检出率为 70%～80%。为了进一步提高 SSCP 的检出率,可将 SSCP 分析与其他突变检测方法相结合,其中与杂交双链分析(heteroduplex analysis,Het)法结合可以大大提高检出率。Het 法是用探针与要检测的单链 DNA 或 RNA 进行杂交,含有一对碱基对错配的杂交链可以和完全互补的杂交链在非变性 PAGE 凝胶上通过电泳被分离开。对同一靶序列分别进行 SSCP 和 Het 分析可以使点突变的检出率接近 100%。

【实验材料】

DNA 样品溶液。

【实验器材】

0.2ml、1.5ml 离心管,移液枪,旋涡振荡器,水域振荡器,脱色摇床,微波炉,电子天平,制冰机,PCR 扩增仪,小型高速离心机,电泳仪,电泳槽,凝胶成像系统等。

【实验试剂】

1. 上下游引物。
2. dNTPs。

3. *Taq* DNA 聚合酶。

4. MgCl$_2$,重蒸水,石蜡油。

5. 10×PCR 缓冲液。

6. DMSO(二甲基亚砜)。

7. DNA 相对分子质量标准,进口琼脂糖。

8. 10×TBE 缓冲液:900mmol/L Tris,900mmol/L 硼酸、100mmol/L EDTA,pH 调至 8.0,高压灭菌,用时可稀释为 0.5×TBE 缓冲液或 1×TBE 缓冲液。

9. 溴酚蓝电泳加样缓冲液:0.25% 溴酚蓝,0.25% 二甲苯青 FF,40%(m/V)蔗糖水溶液。

10. 10mg/ml 溴化乙锭染色液(EB)或 SYBR Green I 工作液。

11. SSCP 分析变性缓冲液:10ml 95%甲酰胺和 200μl 0.5mol/ml EDTA(pH8.0),混合,然后加二甲苯青 FF 和溴酚蓝,使混合液中含 0.025%二甲苯青 FF 和 0.025%溴酚蓝。

12. 50%丙烯酰胺凝胶溶液:取 49g 丙烯酰胺和 1g N,N'-亚甲基双丙烯酰胺,加水至 100ml,37℃溶解,置于棕色瓶中 4℃保存。

13. 10%过硫酰胺(APS)。

14. TEMED(N,N,N',N'-四甲基乙二胺)。

15. 银染溶液:

(1) 固定液:10%乙醇。

(2) 氧化液:1%硝酸。

(3) 染色液:0.1% AgNO$_3$。

(4) 显色液(2% Na$_2$CO$_3$):无水碳酸钠 6g、硫代硫酸钠 0.3mg,溶于 300ml 纯水中,用时加入 37%甲醛 0.4ml。

(5) 终止液:4%乙酸溶液。

【实验步骤】

1. PCR-SSCP 反应物的配制

将表 3-3 所示的各种溶液放在冰上,并按表中所示从上到下的顺序和相应的用量依次加入一个灭过菌的 0.2ml 离心管中,混合加重蒸水定容至 25μl。

表 3-3　PCR-SSCP 反应物的组成

试　剂	用量/μl
0.5U/μl *Taq* DNA 聚合酶	2.0
25mmol/L MgCl$_2$	2.0
10×PCR 缓冲液(DNA 聚合酶缓冲液)	2.5
2.5mmol/L dNTP	1.5
DMSO	1.5

续表

试　剂	用量/μl
10μmol/L上游引物	0.5
10μmol/L下游引物	0.5
200ng/μl模板 DNA	2.0
ddH$_2$O	12.5

2. 振荡混匀,然后短暂离心(如果是利用非盖子加热型的 PCR 仪,则向管中加 50μl 石蜡油,防止样品水分的蒸发)。

3. 将反应管放入 PCR 仪中,按下列程序运行,进行 PCR 反应。

94℃条件下预变性　4min

94℃变性　1min

60℃退火　1min　循环 30 次

72℃延伸　2min

72℃终延伸　7~10min

注:退火温度不是固定的,可根据引物的长度和组成而改变;变性和延伸时间根据目的序列长度和浓度可作调整。

4. 从每个反应管中取 8μl PCR 产物,加 1μl 溴酚蓝电泳加样缓冲液,用 1.0%~2.0% 琼脂糖凝胶电泳,另在一样品孔中加 2μl DNA 相对分子质量标准作参照,EB 或 SYBR Green I 等染色,分析结果,鉴定 PCR 产物是否存在以及其大小。电泳条件:50~100V,0.5~2h。电泳结束后,用紫外分析仪检查电泳结果,方法同第 2 章实验 2.1。

5. PCR 产物变性

(1) 取 PCR 反应产物 8μl 于一灭菌离心管中,加入等体积的 SSCP 分析变性缓冲液,封口。

(2) 95℃水浴中变性 5~10min 后,立即冰浴 5min 以上,直至聚丙酰胺凝胶电泳上样时取出。

6. PCR 产物的聚丙酰胺凝胶电泳

方法同第 2 章实验 2.4。

7. 在凝胶成像仪上观察、照相和分析。观察并记录聚丙烯酰胺凝胶上的 DNA 单链带,根据异常泳动变位筛查突变样本。

【思考题】

1. PCR-SSCP 检测突变的基本原理是什么?

2. 为什么进行非变性聚丙烯酰胺凝胶电泳之前,PCR 扩增产物需与甲酰胺混匀并变性?

3.1.4　PCR-SSR 技术

【实验目的】

掌握 PCR-SSR 技术的基本原理及实验操作步骤。

【实验原理】

生物的基因组中,特别是高等生物的基因组中含有大量的重复序列,根据重复序列在基因组中的分布形式可将其分为串联重复序列和散布重复序列。其中,串联重复序列是由相关的重复单位首位相连、成串排列而成的。目前发现的串联重复序列主要有两类:一类是由功能基因组成的(如 rRNA 和组蛋白基因);另一类是由无功能的序列组成的。根据重复序列的重复单位的长度,可将串联重复序列分为卫星 DNA、微卫星 DNA、小卫星 DNA 等。

微卫星 DNA 又叫简单重复序列(simple sequence repeat,SSR),指的是基因组中由 1~6 个核苷酸组成的基本单位重复多次构成的一段 DNA,广泛分布于基因组的不同位置,长度一般在 200bp 以下。微卫星在真核生物的基因组中的含量非常丰富,而且常常是随机分布于核 DNA 中。通过对拟南芥、玉米、水稻、小麦等的研究表明,微卫星在植物中也很丰富,均匀分布于整个植物基因组中,但不同植物中微卫星出现的频率变化是非常大的,如在主要的农作物中两种最普遍的二核苷酸重复单位$(AC)_n$ 和$(GA)_n$ 在水稻、小麦、玉米、烟草中的数量分布频率是不同的。在小麦中估计有 3000 个$(AC)_n$ 序列重复和约 6000 个$(GA)_n$ 序列重复,两个重复之间的平均距离分别为 704kb、440kb;而在水稻中,$(AC)_n$ 序列重复约有 1000 个左右,$(GA)_n$ 重复约有 2000 个,重复之间的平均距离分别为 450kb、225kb。另外,在植物中也发现一些三核苷酸和四核苷酸的重复,其中最常见的是$(AAG)_n$、$(AAT)_n$。在单子叶和双子叶植物中 SSR 数量和分布也有差异,平均分别为 64.6kb 和 21.2kb 中有一个 SSR。此外,单核苷酸及二核苷酸重复类型的 SSR 主要位于非编码区,而有部分三核苷酸类型位于编码区。

微卫星中重复单位的数目存在高度变异,这些变异表现为微卫星数目的整倍性变异或重复单位序列中的序列有可能不完全相同,因而造成多个位点的多态性。如果能够将这些变异揭示出来,就能发现不同的 SSR 在不同的种甚至不同个体间的多态性,由此产生了 SSR 标记。SSR 标记又称为 sequence tagged microsatellite site,简写为 STMS,是目前最常用的微卫星标记之一。由于基因组中某一特定的微卫星的侧翼序列通常都是保守性较强的单一序列,因而可以将微卫星侧翼的 DNA 片段克隆、测序,然后根据微卫星的侧翼序列就可以人工合成引物进行 PCR 扩增,从而将单个微卫星位点扩增出来。由于单个微卫星位点重复单元在数量上的变异,个体的扩增产物在长度上的变化就产生长度的多态性,这一多态性称为简单序列重复长度多态性(SSLP),每一扩增位点就代表了这一位点的一对等位基因。由于 SSR 重复数目变化很大,所以 SSR 标记能揭示比 RFLP 高得多的多态性,这就是 SSR 标记的原理。

与其他分子标记相比,SSR 标记具有以下优点:① 标记数量丰富,覆盖整个基因组,广泛分布于各条染色体上,揭示的多态性高;② 具有多等位基因的特性,提供的信息量高;③ 以孟德尔方式遗传,呈共显性;④ 每个位点由设计的引物顺序决定,便于不同的实验室相互交流合作开发引物。因而目前该技术已广泛用于遗传图谱的构建、目标基因的标定、指纹图的绘制等研究中。但应看到,SSR 标记的建立首先要对微卫星侧翼序列进行克隆、测序、人工设计合成引物以及标记的定位、作图等基础性研究,因而其开发费用相当高,各个实验室必须进行合作才能开发更多的标记。由于 SSR 标记具有较大的应用价值,且种属特异性较强,目前在一些主要的农作物中 SSR 标记研究都进行了合作,共同进行 STMS 引物的开发。

【实验材料】

DNA 样品溶液。

【实验器材】

0.2ml PCR 管(Eppendorf 管),移液枪,旋涡振荡器,水域振荡器,脱色摇床,微波炉,电子天平,制冰机,PCR 扩增仪,小型高速离心机,电泳仪,电泳槽,凝胶成像系统等。

【实验试剂】

1. 上、下游微卫星引物。

2. dNTPs。

3. *Taq* DNA 聚合酶。

4. $MgCl_2$,重蒸水,石蜡油。

5. 10×PCR 缓冲液。

6. DMSO(二甲基亚砜)。

7. DNA 相对分子质量标准。

8. 10×TBE 缓冲液:900mmol/L Tris,900mmol/L 硼酸,100mmol/L EDTA,pH 调至8.0,高压灭菌,用时可稀释为 0.5×TBE 缓冲液或 1×TBE 缓冲液。

9. 30%丙烯酰胺凝胶溶液:取 29g 丙烯酰胺和 1g N,N'-亚甲基双丙烯酰胺,加水至100ml,37℃溶解,置于棕色瓶中 4℃保存。

10. 10%过硫酰胺(APS)。

11. TEMED(N,N,N',N'-四甲基乙二胺)。

12. 溴酚蓝电泳加样缓冲液:0.25%溴酚蓝,0.25%二甲苯青 FF,40%(m/V)蔗糖水溶液。

13. 银染溶液:

(1) 固定液:10%乙醇。

(2) 氧化液:1%硝酸。

(3) 染色液:0.1% $AgNO_3$。

(4) 显色液(2% Na_2CO_3):无水碳酸钠 6g、硫代硫酸钠 0.3mg,溶于 300ml 纯水中,用时加入 37%甲醛 0.4ml。

（5）终止液：4%乙酸溶液。

【实验步骤】

1. 微卫星 PCR 反应物的配制

将表 3-4 所示的各种溶液放在冰上,并按表中所示从上到下的顺序和相应的用量依次加入一个灭过菌的 0.2ml PCR 管中,混合加重蒸水定容至 12μl。

表 3-4　微卫星 PCR 反应物的组成

试　剂	用量/μl
10×PCR 缓冲液	1.20
2.5mmol/L dNTP	0.75
25mmol/L Mg^{2+}	1.50
10μmol/L 微卫星上游引物	1.00
10μmol/L 微卫星下游引物	1.00
DNA(50ng/μl)	2.00
0.5U/μl Taq DNA 聚合酶	1.00
ddH$_2$O	3.55
合计	12.00

2. 振荡混匀,然后短暂离心(如果是利用非盖子加热型的 PCR 仪,则向管中加 50μl 石蜡油,防止样品水分的蒸发)。

3. 将反应管放入 PCR 仪中,按下列程序运行,进行 PCR 反应。

94℃条件下预变性　4min

94℃变性　30s

60℃退火　1min　} 循环 35 次

72℃延伸　1min

72℃终延伸　7～10min

注：退火温度不是固定的,可根据引物的长度和组成而改变。

4. PCR 产物的聚丙酰胺凝胶电泳

方法同第 2 章实验 2.4。

5. 在凝胶成像仪上观察、照相和分析。根据图像判断微卫星 DNA 的基因型。

【思考题】

1. 什么是微卫星 DNA？

2. SSR 标记的优点是什么？

3.1.5　PCR-ISSR 技术

【实验目的】

掌握 PCR-ISSR 技术的基本原理及实验操作方法。

【实验原理】

间简单序列重复(inter-simple sequence repeats,ISSR)是近年发展起来的一类新型分子标记技术。它是根据基因组内广泛存在的微卫星序列设计单一引物,对基因组 DNA 进行扩增,扩增的指纹图可以同时提供基因组内多个位点的序列信息。

ISSR 标记是一种类似 RAPD,但利用包含重复序列并在 3'端或 5'端锚定的单寡聚核酸引物对基因组进行扩增的标记系统,即用 SSR 引物来扩增重复序列之间的区域。

其原理具体是,ISSR 标记根据生物广泛存在 SSR 的特点,利用在生物基因组常出现的 SSR 本身设计引物,无需预先克隆和测序。用于扩增的引物一般为 16~18 个碱基序列,由 1~4 个碱基组成的串联重复和几个非重复的锚定碱基组成,从而保证了引物与基因组 DNA 中 SSR 的 5'或 3'末端结合,从而使反向排列、间隔不太大的重复序列(SSR)间的基因组节段进行 PCR 扩增。

SSLP 标记需要预先得知标记两端的序列信息,而且引物合成费用较高。而 ISSR 标记是根据微卫星序列设计单一通用引物对 DNA 进行扩增而获得扩增指纹图,它在保留了 SSLP 标记的优点的同时,有效地克服了 SSLP 标记中的设计困难的缺点,现已广泛用于遗传作图、基因定位、遗传多样性、进化、系统发育等方面的研究。

【实验材料】

DNA 样品溶液(预先用无菌超纯水稀释至 20ng/μl)。

【实验器材】

0.2ml、1.5ml 离心管,移液枪,旋涡振荡器,微波炉,电子天平,制冰机,PCR 扩增仪,小型高速离心机,电泳仪,电泳槽,凝胶成像系统等。

【实验试剂】

1. ISSR 引物。
2. dNTPs。
3. *Taq* DNA 聚合酶。
4. $MgCl_2$,重蒸水,超纯水,石蜡油。
5. 10×PCR 缓冲液。
6. 进口琼脂糖。
7. 10×TBE 缓冲液:900mmol/L Tris,900mmol/L 硼酸,100mmol/L EDTA,pH 调至

8.0,高压灭菌,用时可稀释为 0.5×TBE 缓冲液或 1×TBE 缓冲液。

8. 溴酚蓝电泳加样缓冲液:0.25% 溴酚蓝,0.25%二甲苯青 FF,40%(m/V)蔗糖水溶液。

9. SYBR Green Ⅰ荧光染料。

【实验步骤】

1. PCR-ISSR 反应物的配制

将表 3-5 所示的各种溶液放在冰上,并按表中所示从上到下的顺序和相应的用量依次加入灭过菌的 0.2ml 离心管中,混合,加超纯水定容至 $30\mu l$。

表 3-5　PCR-ISSR 反应物的组成

试　剂	用量/μl
10×PCR 缓冲液	3.0
25mmol/L MgCl$_2$	1.8
10mmol/L dNTP	0.4
25ng/μl ISSR 引物	2.0
Taq DNA 聚合酶	1.0
20ng/μl DNA 样品溶液	1.0

若 DNA 样品数较多,为了消除加样带来的误差和减少加样时间,可以先将除 DNA 模板之外的其他试剂按照需扩增的总管数混合,然后平均分装到各个扩增管中,最后再在各个扩增管中加入不同的 DNA 模板(样品溶液)。

2. 振荡混匀,然后短暂离心(如果是利用非盖子加热型的 PCR 仪,则向管中加 $50\mu l$ 石蜡油,防止样品水分的蒸发)。

3. 将反应管放入 PCR 仪中,按下列程序运行,进行 PCR 反应。

94℃条件下预变性　2min

94℃变性　1min
45~56℃退火　45s ⎫ 循环 35 次
72℃延伸　1.5min ⎭

72℃终延伸　7~10min

注:退火温度不是固定的,可根据引物的长度和组成而改变。

4. 从每个扩增管中取 PCR 产物,用 1.0%~2.0%琼脂糖凝胶电泳,分析结果。电泳条件:50~100V,0.5~2h。方法同第 2 章实验 2.1。

5. 电泳结束后,用紫外分析仪检查电泳结果。

6. 实验结果的统计与处理

ISSR 主要为显性标记,表现为每一个基因型材料的 PCR 产物在琼脂糖凝胶的同一位置上扩增带的有或无。有带的计为 1,无带的计为 0,并填入表 3-6 中。可利用统计分析软件对所得数据进行分析整理,计算出各不同基因型个体之间的遗传系数,并可画出聚类分析树状图。

表 3-6　ISSR 试验数据统计表

ISSR 引物编号：

样品编号	扩增带位置及扩增结果												
	1	2	3	4	5	6	7	8	9	10	11	12	13

【思考题】

1. ISSR 的基本原理及用途是什么？

2. 比较 ISSR 与 RAPD 的异同点、ISSR 与 SSR(SSLP)的异同点？

3.1.6　RT-PCR 技术

【实验目的】

掌握 RT-PCR 技术的基本原理及实验操作方法。

【实验原理】

RT-PCR 全称叫反转录 PCR。它是将 RNA 的反转录（RT）和 cDNA 的聚合酶链式扩增（PCR）相结合的技术。首先经反转录酶的作用从 RNA 合成 cDNA，再以 cDNA 为模板，扩增目的片段，以达到所需要量的目的。作为模板的 RNA 可以是总 RNA、mRNA 或体外转录的 RNA 产物。

RT-PCR 技术灵敏度高且用途广泛，可用于细胞中基因表达水平、cDNA 文库的构建、细胞中 RNA 病毒含量检测、基因克隆等研究。

【实验材料】

总 RNA 或 mRNA 溶液。

【实验器材】

0.2ml PCR 管（Eppendorf 管），移液枪，干燥培养恒温器，恒温水浴箱，旋涡振荡器，微波炉,电子天平,制冰机,PCR 扩增仪,小型高速离心机,电泳仪,电泳槽,凝胶成像系统等。

【实验试剂】

1. oligo(dT)。

2. RNA 酶抑制剂(RNasin)。

3. 10×反转录缓冲液。

4. 反转录酶:AMV 反转录酶(AMV Reverse Transcriptase)

5. 上下游引物。

6. dNTPs。

7. *Taq* DNA 聚合酶。

8. $MgCl_2$,DEPC 水(0.1%),超纯水,石蜡油。

9. DNA 相对分子质量标准,进口琼脂糖。

10. 10×TBE 缓冲液:900mmol/L Tris,900mmol/L 硼酸,100mmol/L EDTA,pH 调至 8.0,高压灭菌,用时可稀释为 0.5×TBE 缓冲液或 1×TBE 缓冲液。

11. 溴酚蓝电泳加样缓冲液:0.25% 溴酚蓝,0.25% 二甲苯青 FF,40%(m/V)蔗糖水溶液。

12. SYBR Green Ⅰ荧光染料。

【实验步骤】

一、第一步:反转录反应

1. 反转录反应物的配制

将表 3-7 所示的各种溶液,按表中所示从上到下的顺序和相应的用量依次加入一个灭过菌的 0.2ml PCR 管中,混合,加 DEPC 水定容至 $20\mu l$。

表 3-7　反转录反应物的组成

试　　剂	用量/μl
$1\mu g/\mu l$ 总 RNA	1
$0.5\mu g/\mu l$ oligo(dT)$_{15}$	1
RNasin(RNA 酶抑制剂)	20
反转录酶(AMV Reverse Transcriptase)	15
10mmol/L dNTP	2
10×反转录缓冲液	2

2. 振荡混匀,然后短暂离心。

3. 将反应管放入 PCR 仪中,42℃条件下运行 1h,得到第一条 cDNA 链。

二、第二步:PCR 反应

1. PCR 反应物的配制

将表 3-8 所示的各种溶液放在冰上,并按表中所示从上到下的顺序和相应的用量依次加入一个灭过菌的 0.2ml PCR 管中，混合，加超纯水定容至 25μl。

表 3-8　PCR 反应物的组成

试　剂	用量/μl
第一条 cDNA 链	5
2mmol/L dNTP	2.5
10×反转录缓冲液	2.5
25mmol/L $MgCl_2$	1
12.5μmol/L 上游引物（20 个碱基）	1.0
12.5μmol/L 下游引物（20 个碱基）	1.0
Taq DNA 聚合酶	0.625U

2. 振荡混匀，然后短暂离心（如果是利用非盖子加热型的 PCR 仪，则向管中加 50μl 石蜡油，防止样品水分的蒸发）。

3. 将反应管放入 PCR 仪中，按下列程序运行，进行 PCR 反应。

94℃条件下预变性　4min

94℃变性　1min ⎫
60℃退火　1min ⎬ 循环 30 次
72℃延伸　2min ⎭

72℃终延伸　7~10min

注：退火温度不是固定的，可根据引物的长度和组成而改变。

4. 将 PCR 产物用 1.0%~2.0%琼脂糖凝胶电泳，分析结果。电泳条件：50~100V，0.5~2h。方法同第 2 章实验 2.1。

5. 电泳结束后，在凝胶成像仪上观察、照相和分析。

【思考题】

1. RT-PCR 技术的原理是什么？
2. RT-PCR 技术的成功关键是什么？
3. RT-PCR 技术在引物设计上有何要求？

实验 3.2　cDNA 文库的构建

【实验目的】

掌握 cDNA 文库的构建原理和方法。

【实验原理】

　　cDNA 文库是指某生物某发育时期所转录的全部 mRNA 经反转录形成的 cDNA 片段与某种载体连接而形成的克隆的集合。经典 cDNA 文库构建的基本原理是用 oligo(dT)作反转录引物,或者用随机引物,给所合成的 cDNA 加上适当的连接接头,连接到适当的载体中获得文库。其基本步骤包括:① RNA 的提取(例如异硫氰酸胍法、盐酸胍-有机溶剂法、热酚法等等,提取方法的选择主要根据不同的样品而定),要构建一个高质量的 cDNA 文库,获得高质量的 mRNA 是至关重要的,所以处理 mRNA 样品时必须仔细小心。由于 RNA 酶存在于所有的生物中,并且能抵抗诸如煮沸这样的物理环境,因此建立一个无 RNA 酶的环境对于制备优质 RNA 很重要。② 在获得高质量的 mRNA 后,用反转录酶 oligo(dT)引导合成 cDNA 第一链。③ cDNA 第二链的合成(用 RNA 酶 H 和大肠杆菌 DNA 聚合酶 I,同时包括使用 T4 噬菌体多核苷酸酶和大肠杆菌 DNA 连接酶进行的修复反应)。④ 合成接头的加入。⑤ 将双链 DNA 克隆到载体中去,分析 cDNA 插入片断,扩增 cDNA 文库,对建立的 cDNA 文库进行鉴定。这里强调的是对载体的选择,常规用的是 λ 噬菌体,这是因为 λ DNA 两端具有由 12 个核苷酸的黏性末端,可用来构建柯斯质粒,这种质粒能容纳大片段的外源 DNA。

　　自 20 世纪 70 年代中期首例 cDNA 克隆问世以来,构建 cDNA 文库已成为研究功能基因组学的基本手段之一。cDNA 便于克隆和大量表达,它不像基因组含有内含子而难于表达,因此可以从 cDNA 文库中筛选到所需的目的基因,并直接用于该目的基因的表达。

　　通过构建 cDNA 表达文库不仅可保护濒危珍惜生物资源,而且可以提供构建分子标记连锁图谱的所用探针,更重要的是可以用于分离全长基因进而开展基因功能研究。因此,cDNA 在研究具体某类特定细胞中基因组的表达状态及表达基因的功能鉴定方面具有特殊的优势,从而使它在个体发育、细胞分化、细胞周期调控、细胞衰老和死亡调控等生命现象的研究中具有更为广泛的应用价值,是研究工作中最常使用到的基因文库。

　　cDNA 文库的制备与筛选流程如图 3-5 所示。

【实验材料】

　　幼嫩植物组织。

【实验器材】

　　超净工作台,恒温培养箱,恒温振荡器,电热恒温水浴锅,普通冰箱,低温冰箱,旋涡振荡器,微波炉,电子天平,制冰机,PCR 扩增仪,高速离心机,电泳仪,电泳槽,凝胶成像系统,离心管,PCR 管,离心管,移液枪,烧杯,量筒等。

【实验试剂】

　　见具体实验步骤。

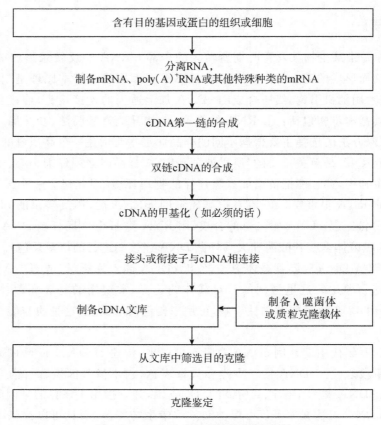

图 3-5　cDNA 文库的制备与筛选流程

【实验步骤】

一、总 RNA 的提取与 mRNA 的分离

具体请参见第 1 章实验 1.3。

二、反转录酶催化合成 cDNA 第一链

1. 在置于冰上的无菌微量离心管内混合下列试剂,进行 cDNA 第一链的合成:

poly(A)$^+$ RNA(1μg/μl)	10μl
寡核苷酸引物(1μg/μl)	1μl
1mol/L Tris-HCl(pH8.0,37℃)	2.5μl
1mol/L KCl	3.5μl
250mmol/L MgCl$_2$	2μl
dNTP 溶液(含 4 种 dNTP,每种 5mmol/L)	10μl
0.1mol/L DTT	2μl
RNA 酶抑制剂(选用)	25U
H$_2$O	至 48μl

2. 当所有反应组在 0℃ 混合后,取出 2.5μl 反应液转移到另一个 0.5ml 微量离心管内。在这个小规模反应管中加入 0.1μl〔α-^{32}P 〕dCTP。

3. 大规模和小规模反应管都在 42℃温育 1h。

4. 温育接近结束时,在含有同位素的小规模反应管中加入 1μl 0.25mol/L EDTA,然后将反应管转移到冰上。大规模反应管则在 70℃温育 10min 以灭活反转录酶,然后转移至冰上。

5. 测定 0.5μl 小规模反应物中放射性总活度和可被三氯乙酸(TCA)沉淀的放射性活度。此外,用合适的 DNA 相对分子质量参照物,通过碱性琼脂糖凝胶电泳对小规模反应产物进行分析。具体参见第 2 章实验 2.1。

6. 按下述方法计算 cDNA 第一链的合成量(推算方法略):

$$\frac{掺入的活度值(cpm)}{总活度值(cpm)} \times 66(\mu g) = 合成的\ cDNA\ 第一链的质量(\mu g)$$

7. 尽可能快地进行 cDNA 合成的下一步骤。

三、cDNA 第二链的合成

1. 将下列试剂直接加入大规模第一链反应混合物中:

10mmol/L MgCl$_2$	70μl
2mol/L Tris-HCl (pH7.4)	5μl
10mCi/ml[α-^{32}P] dCTP(400Ci/mmol)	10μl
1mol/L (NH$_4$)$_2$SO$_4$	1.5μl
RNase H (1000U/ml)	1μl
大肠杆菌 DNA 聚合酶 I (10 000U/ml)	4.5μl

温和振荡,将上述试剂混合,在微量离心机稍离心,以除去所有气泡。在 16℃温育 2～4h。

2. 温育结束,将下列试剂加到反应混合物中:

β-NAD (50mmol/L)	1μl
大肠杆菌 DNA 连接酶(1000～4000U/ml)	1μl

室温温育 15min。

3. 温育结束,加入 1μl 含有 4 种 dNTP 的混合物和 2μl T4 噬菌体 DNA 聚合酶。反应混合物室温温育 15min。

4. 取出 3μl 反应物,测定第二链 DNA 的质量;取出 1μl,测定第二链合成产物中能被三氯乙酸沉淀的放射性活度。用下面公式计算第二链反应中所合成的 cDNA 量。要考虑到已掺入到 DNA 第一链种的 dNTP 的量。

$$\frac{第二链反应中所掺入的活度值(cpm)}{总活度值(cpm)} \times [66(\mu g) - x(\mu g)] = cDNA\ 第二链合成量(\mu g)$$

式中: x 表示 cDNA 第一链量。

cDNA 第二链合成量通常为第一链的 70%～80%。

5. 将 5μl 0.5mol/L EDTA (pH8.0)加入剩余的反应物中,用酚/氯仿和氯仿分别抽提混合物一次。在 0.3mol/L 乙酸钠溶液(pH5.2)存在下,通过乙醇沉淀回收 DNA,将 DNA 溶解在 90μl TE 溶液(pH7.6)中。

6. 将下列试剂加到 DNA 溶液中:

10×T4 多核苷酸激酶缓冲液	10μl

　　　T4 多核苷酸激酶(3000U/ml)　　　　　　　　　　　　1μl
室温温育 15min。

　　7. 用等量酚/氯仿对含有磷酸化 cDNA(来自步骤 6)的反应物进行抽提。

　　8. Sephadex G-50 用含有 10mmol/L NaCl 的 TE 溶液(pH7.6)进行平衡,然后通过离子柱层析将未掺入的 dNTP 和 cDNA 分开。

　　9. 加入 0.1 倍体积的 3mol/L 乙酸钠溶液(pH5.2)和 2 倍体积的乙醇,沉淀柱层析洗脱下来的 cDNA,将样品置于冰上至少 15min,然后在微量离心机上以最大速度 4℃ 离心 15min,回收沉淀 DNA。用手提微型监测仪检查是否所有放射性物质都沉淀下来。

　　10. 用 70% 乙醇洗涤沉淀物,重复离心。

　　11. 小心吸出所有液体,空气干燥沉淀物。

　　12. 如果需要用 *Eco*R I 甲基化酶对 cDNA 进行甲基化,可将 cDNA 溶解于 80μl TE 溶液(pH7.6)中。另外,如果要将 cDNA 直接与 *Not* I 或 *Sal* I 接头或寡核苷酸衔接子相连,可将 cDNA 悬浮在 29μl TE 溶液(pH7.6)。沉淀的 DNA 重新溶解后,尽快进行 cDNA 合成的下一步骤。

四、cDNA 的甲基化

　　1. 在 cDNA 样品中加入以下试剂:
　　　2mol/L Tris-HCl (pH8.0)　　　　　　　　　　　5μl
　　　5mol/L NaCl　　　　　　　　　　　　　　　　　2μl
　　　0.5mol/L EDTA(pH8.0)　　　　　　　　　　　　2μl
　　　20mmol/L S-腺苷甲硫氨酸　　　　　　　　　　　1μl
　　　H_2O　　　　　　　　　　　　　　　　　　　　至 96μl

　　2. 取出两小份样品(各 2μl)至 0.5ml 微量离心管中,分别编为 1 号和 2 号,置于冰上。

　　3. 在余下的反应混合液中加入 2μl *Eco*R I 甲基化酶(80000U/ml),保存在 0℃ 直至步骤 4 完成。

　　4. 再从大体积的反应液中吸出另外两小份样品(各 2μl)至 0.5ml 微量离心管中,分别编为 3 号和 4 号。

　　5. 在所有四小份样品(来自步骤 2 和步骤 4)加入 100ng 质粒 DNA 或 500ng 的 λ 噬菌体 DNA。这些未甲基化的 DNA 在预实验中用作底物以测定甲基化效率。

　　6. 所有四份小样实验反应和大体积的反应均在 37℃ 温育 1h。

　　7. 于 68℃ 加热 15min,用酚/氯仿抽提大体积反应液一次,再用氯仿抽提一次。

　　8. 在大体积反应液中加入 0.1 倍体积的 3mol/L 乙酸钠溶液(pH5.2)和 2 倍体积的乙醇,混匀后贮存于 −20℃ 直至获得小样反应结果。

　　9. 按下述方法分析 4 个小样对照反应:

　　(1) 在每一对照反应中分别加入:
　　　0.1mol/L $MgCl_2$　　　　　　　　　　　　　　2μl
　　　10×*Eco*R I 缓冲液　　　　　　　　　　　　　2μl
　　　H_2O　　　　　　　　　　　　　　　　　　　至 20μl

　　(2) 在 2 号和 4 号反应管中分别加入 20U *Eco*R I 。

（3）四个对照样品于 37℃温育 1h，通过 1％琼脂糖凝胶电泳进行分析。

10. 微量离心机以最大速度离心 15min(4℃)以回收沉淀 cDNA。弃上清，加入 200μl 70％乙醇洗涤沉淀，重复离心。

11. 用手提式微型探测器检查是否所有放射性物质均被沉淀。小心吸出乙醇，在空气中晾干沉淀，然后将 DNA 溶于 29μl TE(pH8.0)。

12. 尽可能快地进行 cDNA 合成的下一阶段。

五、接头或衔接子的连接

cDNA 末端的削平

1. cDNA 样品于 68℃加热 5min。

2. 将 cDNA 溶液冷却至 37℃并加入下列试剂：

5×T4 噬菌体 DNA 聚合酶修复缓冲液	10μl
dNTP 溶液（每种 5mmol/L）	5μl
H_2O	至 50μl

3. 加入 1～2U T4 噬菌体 DNA 聚合酶(500U/ml)，37℃温育 15min。

4. 加入 1μl 0.5mol/L EDTA(pH8.0)，以终止反应。

5. 用酚/氯仿抽提，再通过 Sephadex G-50 离心柱层析，除去未掺入的 dNTP。

6. 在柱流出液中加入 0.1 倍体积的 3mol/L 乙酸钠溶液(pH5.2)和二倍体积的乙醇，样品于 4℃至少放置 15min。

7. 在微量离心机上以最大速度离心 15min(4℃)，回收沉淀的 cDNA。沉淀经空气干燥后溶于 13μl 的 10mmol/L Tris-HCl(pH8.0)。

接头-衔接子与 cDNA 的连接

8. 将下列试剂加入已削成平末端的 DNA 中：

10×T4 噬菌体 DNA 聚合酶修复缓冲液	2μl
800～1000ng 的磷酸化接头或衔接子	2μl
T4 噬菌体 DNA 连接酶(10^5 Weiss 单位/ml)	1μl
10mmol/L ATP	2μl

混匀后，在 16℃温育 8～12h。

9. 从反应液中吸出 0.5μl 贮存于 4℃，其余反应液于 68℃加热 15min 以灭活连接酶。

六、Sepharose CL-4B 凝胶过滤法分离 cDNA

Sepharose CL-4B 柱的制备

1. 用带有弯头的皮下注射针头将棉拭子的一半推进 1ml 灭菌吸管端部，用无菌剪刀剪去露在吸管外的棉花并弃去，再用滤过的压缩空气将余下的棉拭子吹至吸管狭窄端。

2. 将一段无菌的聚氯乙烯软管与吸管窄端相连，将吸管宽端浸于含有 0.1mol/L NaCl 的 TE 溶液(pH7.6)中。将聚氯乙烯管与相连于真空装置的三角瓶相接。轻缓抽吸，直至吸管内充满缓冲液，用止血钳关闭软管。

3. 在吸管宽端接一段乙烯泡沫管，让糊状物静置数分钟，放开止血钳，当缓冲液从吸管滴落时,层析柱亦随之形成。如有必要,可加入更多的 Sepharose CL-4B,直至填充基质几乎充满吸管为止。

4. 用几倍柱床体积的含 0.1mol/L 氯化钠的 TE(pH7.6)洗涤柱子。洗柱完成后,关闭柱子底部的软管。

依据大小分离回收 DNA

5. 用巴斯德吸管吸去柱中 Sepharose CL-4B 上层的液体,将 cDNA 加到柱上(体积50μl 或更小),放开止血钳,使 cDNA 进入凝胶。用 50μl TE(pH7.6)洗涤盛装 cDNA 的微量离心管,将洗液亦加于柱上。用含 0.1mol/L NaCl 的 TE(pH7.6)充满泡沫管。

6. 用手提式小型探测器监测 cDNA 流经柱子的进程。放射性 cDNA 流到柱长 2/3 时,开始用微量离心管收集,每管 2 滴,直至将所有放射性物质洗脱出柱为止。

7. 用切仑科夫计数器测量每管的放射性活性。

8. 从每一管中取出一小份,以末端标记的已知大小(0.2～5kb)的 DNA 片断作标准参照物,通过 1%琼脂凝胶电泳进行分析,将各管余下部分贮存于−20℃,直至获得琼脂糖凝胶电泳的放射自显影片。

9. 电泳后将凝胶移至一张 Whatman 3MM 滤纸上,盖上一张 Saran 包装膜,并在凝胶干燥器上干燥。干燥过程前 20～30min 于 50℃ 加热凝胶,然后停止加热,在真空状态继续干燥 1～2h。

10. 置−70℃ 加增感屏对干燥的凝胶继续 X 射线曝光。

11. 在 cDNA 长度≥500bp 的收集管中,加入 0.1 倍体积的 3mol/L 乙酸钠(pH5.2)和二倍体积的乙醇。于 4℃ 放置至少 15min 使 cDNA 沉淀,用微量离心机于 4℃ 以 12 000 r/min离心 15min,以回收沉淀的 cDNA。

12. 将 DNA 溶于总体积为 20μl 的 10mmol/L Tris-HCl(pH7.6)中。

13. 测定每一小份的放射性活度。算出选定的组分中所得到的总放射性活度值。计算可用于 λ 噬菌体臂相连接的 DNA 总量。

七、cDNA 与 λ 噬菌体臂的连接

1. 按下述方法建立 4 组连接-包装反应:

连　　接	A/μl	B/μl	C/μl	D/μl
λ 噬菌体 DNA(0.5μg/μl)	1.0	1.0	1.0	1.0
10×T4 DNA 连接酶缓冲液	1.0	1.0	1.0	1.0
cDNA	0ng	5ng	10ng	50ng
T4 噬菌体 DNA 连接酶(10^5 Weiss 单位/ml)	0.1	0.1	0.1	0.1
10mmol/L ATP	1.0	1.0	1.0	1.0
加 H_2O 至	10	10	10	10

连接混合物于 16℃ 培育 4～16h。剩余的 cDNA 储存于−20℃。

2. 按包装提取物厂商提供的方法,从每组连接反应物中取 5μl 包装到噬菌体颗粒中。

3. 包装反应完成后,在各反应混合物中加入 0.5ml SM 培养基。

4. 预备适当的大肠杆菌株新鲜过夜培养物,包装混合物做 100 倍稀释,各取 10μl 和 100μl 涂板,于 37℃或 42℃培养 8～12h。

5. 计算重组噬菌斑和非重组噬菌斑,连接反应 A 不应产生重组噬菌斑,而连接反应 B、C 和 D 应产生数目递增的重组噬菌斑。

6. 根据重组噬菌斑的数目,计算 cDNA 的克隆效率。

7. 挑取 12 个重组 λ 噬菌体空斑,小规模培养裂解物并制备 DNA,以供适当的限制性内切核酸酶消化。

8. 通过 1%琼脂凝胶电泳分析 cDNA 插入物的大小,用长度范围 500bp～5kb 的 DNA 片段作为相对分子质量标准参照。

【思考题】

1. cDNA 文库构建有什么意义和用途?

2. cDNA 文库构建的经典步骤有哪些?

3. 有哪些新型的 cDNA 文库构建的方法?

实验 3.3　定量 PCR

【实验目的】

掌握定量 PCR 的原理和操作步骤。

【实验原理】

定量 PCR(quantitative PCR)即利用 PCR 反应来测量样品中的 DNA 或 RNA 的原始模板拷贝数量(starting copy number)。利用在 PCR 的每个循环都能同步(real-time)侦测到 PCR 产物的增生,以获得达到反应饱和前的资料,如此即可方便地利用 PCR 来确定样品中 DNA 或 RNA 的原始模板量。定量 PCR 的原理和定性分析相似,可分为两种:第一种为定量竞争性 PCR(quantitative competitive PCR,QC-PCR),将标准品 DNA 与检测样品 DNA 于同一处理中进行增殖放大,共同竞争已知数量的引物,进而估算出样品的含量。第二种为实时定量 PCR(real-time PCR),以 DNA 探针连接荧光试剂,待 DNA 探针与 PCR 产物结合,检测荧光光亮,并以计算机软件分析,进行量化计算。

【实验材料】

带病毒的血液样本,或带病毒的组织细胞。

【实验器材】

定量 PCR 仪有多种,如 Roche Lightcycler、Bio-Rad iCycler、Mx4000、MJ Opticon、

ABI7700、7900HT、Smartcycler 和 Rotor Gene 2000 等,可根据需要选择使用。下述实验使用仪器为 Roche Lightcycler。

【实验试剂】

1. 细胞裂解缓冲液:10mmol/L Tris-HCl (pH8.3),50mmol/L KCl,2.5mmol/L MgCl$_2$,4.5ml/L NP-40,4.5ml/L Tween20 和 60mg/ml 蛋白酶 K。

2. TE 缓冲液:10mmol/L Tris-HCl (pH8.0),1mmol/L EDTA。

3. 苯酚/氯仿(1:1)。

4. 氯仿/异戊醇(24:1)。

5. Qiagen Miniprep Kit。

6. Qiagen 血液分离试剂盒。

【实验步骤】

由于实时 PCR 使用的探针种类不同,其方法也有差别,本实验为采用 TaqMan 探针的方法检测血液中病毒。

1. 引物和探针设计

按照用于检测样品中病毒或细菌拷贝数的实时 Q-PCR 设计探针和引物,均选择高度保守区段序列,可采用 PRIMER EXPRESS 软件(versionl.5,Applied Biosystems,Foster City,CA)或其他公司提供的软件设计。探针分别在 5' 和 3' 端标记 FAM 和 TAMRA 荧光染料。为了减少 PCR 扩增中产生非特异产物,可将 PCR 引物在 GenBank 里进行对比,理想的 PCR 引物不应与其他病毒存在同源序列。为了避免标记的荧光探针衰减,应常规保持高浓度(100pmol/μl),储存在 -20℃,到使用前稀释。

2. 模板制备

(1) 从血液中提取 DNA 样品

① 采集患者 5~10ml 血液,加 EDTA 抗凝。

② 按 Qiagen 血液分离试剂盒提供的方法分离外周白细胞(PBL),在显微镜下计数细胞。

③ 取 2×10^6 个细胞,加 50μl 细胞裂解缓冲液,混合,56℃培育 1~2h。

④ 95℃加热 5min。

⑤ 使用 Qiagen DNA 纯化试剂盒纯化 DNA。

⑥ 将 DNA 溶于 50μl TE 缓冲液。

(2) 从组织细胞中提取 DNA 样品

① 取 20~50mg 组织样品,用剪刀剪成 1~2mm^2 大小。

② 加 50~100μl 细胞裂解缓冲液,混合,56℃培育 2h 或更长时间。

③ 95℃加热 5min。

④ 使用苯酚/氯仿(1:1)抽提一次,再用氯仿/异戊醇(24:1)抽提一次。

⑤ 用 Qiagen DNA 纯化试剂盒纯化 DNA。

⑥ 将 DNA 溶于 50μl TE 缓冲液,定量 DNA。

（3）反应条件的优化

病毒可以用纯化的病毒 DNA，细菌用克隆载体 DNA 稀释液进行 TaqMan PCR 反应体系和条件优化。其目的是在设定的 DNA 模板情况下，获得最少 Ct（扩增 DNA 的量达到阈值时的循环次数）值和最大扩增曲线的 PCR 条件。需用优化后的扩增条件检测样品中的最少拷贝数为多少，并在以无关 DNA 样品为模板时扩增为阴性。

（4）标准曲线的制作

① 从病毒 DNA 或细菌 DNA 上用 PCR 方法扩增相应的 DNA 片段。

② 克隆到一通用载体上，如 pCRⅡ-TOPO、pGEM5zf。

③ 用 Qiagen Miniprep Kit 提取含插入片段的质粒 DNA，进行序列分析。

④ 用分光光度计测定质粒 DNA 量，计算其拷贝数。

⑤ 分别以 5 倍或 10 倍进行系列稀释，其稀释的质粒 DNA 溶液用作制作标准曲线的模板。

⑥ 用合成的引物和 TaqMan 探针进行 PCR，获得相应的 Ct 值。

⑦ 仪器能自动以系列稀释液中 DNA 拷贝数的对数作为横坐标，以 Ct 值为纵坐标制图和确定斜率的函数公式，在测定样品时自动计算出拷贝数。

（5）TaqMan 探针在 LightCycle® （Roche）仪器的反应体系和条件

各实验室和不同实验，其反应体系都存在差别，下列体系为一般反应体系，下面为 TaqMan针在 LightCycle® （Roche）仪器的反应体系及操作方法。

体系：

　　25μl TaqMan Universal PCR Master Mix

　　1μl 正向引物（终浓度 200nmol/L）

　　1μl 反向引物（终浓度 200nmol/L）

　　1μl 标记探针（终浓度 100nmol/L）

　　1μl DNA 模板（终浓度 0.1～2μg）

　　21μl DEPC 水

PCR 条件：

　　激活　95℃ 10min；

　　循环（45 次循环）95℃ 155s，55℃ 30s，72℃ 30s。

资料收集：在每一退火/延伸步骤收集荧光资料。

仪器软件：Sequence Detector Ver. 1.7。

（6）使用 SYBR Green Ⅰ DNA 结合染料的方法

使用 LightCycle® （Roche）仪器，在 20μl 反应体系中。

体系：

　　2μl LightCycler DNA Mastermix（含 Taq 酶、dNTP、PCR 缓冲液、SYRRGreen Ⅰ）

　　1μl Mg^{2+}（2.5mmol/L）

　　1μl 正向引物（终浓度 500mmol/L）

　　1μl 反向引物（终浓度 500mmol/L）

　　1μl DNA 模板（终浓度 50ng）

　　　　14μl DEPC-H$_2$O

PCR 条件：

　　　　变性　95℃ 10min；

　　　　循环(45 次循环) 95℃ 5s,55℃ 8s,72℃ 8s。

荧光信号测定：延伸期结束。

在 PCR 扩增结束后，设定 65～95℃ 进行熔解曲线分析。

定量程序软件：Version3.3(Roche)。

(7) LUXTM 引物方法

使用 LightCycle® (Roche)仪器，在 20μl 反应体系中，使用 Platinum® Quantitative PCR Super Mix-UDG(Invitrogen,Cat. No. 11730-025)进行实时 PCR。

体系：

　　　　10μl SuperMir-UDG

　　　　1μl 10μmol/L FAM 标记的 LUXTM 引物（终浓度是 500nmol/L）

　　　　1μl 10μmol/L 末标记的引物（终浓度是 500nmol/L）

　　　　1μl 5mg/ml 牛血清白蛋白（终浓度是 250ng/μl）

　　　　0.6 U Platinum® TaqDNA 聚合酶 (Invitrogen,Cat. No. 109660-18)（使反应体系中总含量达到 1.2U)

　　　　2μl 模板 DNA

　　　　加 DEPC-H$_2$O 至 20μl

PCR 方案：

　　　　荧光　Fl

　　　　程序选择　扩增

　　　　分析模式　定量

　　　　UDG 处理　50℃ 2min

　　　　变性　95℃ 2min

　　　　循环(50 次循环)　94℃ 5s,55℃ 10s,72℃ 10s。

　　　　熔解曲线分析：

　　　　程序选择熔解曲线；分析模式为熔解曲线，条件为 95℃ 0s、55℃ 15s、55℃ 10s、55℃ 15s、95℃（以 0.1℃/s 缓慢加热至 95℃) 0s、40℃ 0s。

【思考题】

1. 定量 PCR 的原理是什么？

2. 定量 PCR 有什么意义和用途？

3. 定量 PCR 的经典步骤有哪些？

【参考文献】

[1] 李如亮.生物化学实验[M].武汉：武汉大学出版社,1998.

[2] 李建武等.生物化学实验原理和方法[M].北京：北京大学出版社,1994.

［3］张德安. 生物大分子实验手册［M］. 吉林：吉林大学出版社，1991.

［4］范代娣，沈立新，米钰. 重组蛋白分离与分析［M］. 北京：化学工业出版社，2004.

［5］V. A. Robb，W. Li，D. H. Gutmann. Disruption of 14-3-3 binding does not impair protein 4. 1B growth suppression［J］. *Oncogene*，2004，23(20)：3589-3596.

［6］黄留玉. PCR 最新技术原理、方法及应用［M］. 北京：化学工业出版社，2005.

第 4 章

重组质粒的连接与转化

通过不同的途径获得了目的基因之后,要选择或构建适当的基因载体,并且利用限制性内切酶和其他一些酶类,切割及修饰载体 DNA 和目的基因,将两者连接起来,使目的基因插入到可以自我复制的载体内,使之形成重组体 DNA,再将其导入受体细胞进行扩增和筛选,以期这种外源性的目的基因能在受体细胞内得到正确的表达。

基因重组和重组 DNA 导入受体是基因工程中的两个关键步骤。在这里,我们首先需要了解几个相关概念。

载体:是在基因工程重组 DNA 技术中将 DNA 片段(目的基因)转移至受体细胞的一种能自我复制的 DNA 分子。最常用的三种载体包括细菌质粒、噬菌体和动植物病毒。目前运用较多的载体是细菌质粒,它是一种相对分子质量较小、独立于染色体 DNA 之外的环状DNA(大小一般 1～200kb)。质粒能通过细菌间的接合由一个细菌向另一个细菌转移,也能通过处于感受态的细胞从周围环境中摄取而进入细胞。

作为载体必须具有四个条件:① 在宿主细胞中能保存下来并能大量复制。② 有多个限制酶切点,而且每种酶的切点最好只有一个。如大肠杆菌 pBR322 就有多种限制酶的单一识别位点,可适于多种限制酶切割的 DNA 插入。③ 含有复制起始位点,能够独立复制。④ 有一定的标记基因,便于进行筛选。如大肠杆菌的 pBR322 质粒携带氨苄青霉素抗性基因和四环素抗性基因,就可以作为筛选的标记基因。一般来说,天然载体往往不能满足上述要求,因此需要根据不同的目的和需要,对载体进行人工改建。现在所使用的质粒载体几乎都是经过改建的。

DNA 连接酶:构建重组 DNA 分子的第一步是将载体分子和将要克隆的 DNA 分子接合在一起,这个过程称为连接。催化该反应的酶叫做 DNA 连接酶。最初是 1967 年在大肠杆菌细胞中发现的,该酶可借助 ATP 或 NAD 水解提供的能量催化 DNA 链的 $5'$-PO_4 与另一 DNA 链的 $3'$-OH 生成磷酸二酯键。但这两条链必须是与同一条互补链配对结合的(T4 DNA 连接酶除外),而且必须是两条紧邻 DNA 链才能被 DNA 连接酶催化成磷酸二酯键。这类酶的发现使得两个 DNA 片段在体外连接形成重组 DNA 分子变为可能。它在 DNA 合成、DNA 复制、基因重组中的应用及对于基因工程技术的创立与发展具有十分重要的意义。

带有外源目的基因的 DNA 的重组体分子在体外构成之后,必须导入适当的寄主细胞中进行繁殖,才能获得大量的纯的重组体 DNA 分子,这一过程即为基因的扩增。只有将携带某一目的基因的重组克隆载体 DNA 引入适当的受体(宿主)细胞中,进行增殖并获得预期的表达,才算实现了某一目的基因的克隆。

许多细菌都能从其周围环境中吸收外源 DNA 分子,用这种方法吸收的 DNA 分子通常会被降解,偶尔可能会在宿主细胞内进行复制和存活。但如果 DNA 分子是一种质粒,并携带可以被宿主识别的复制起始区,就能进行复制,并在宿主中存活。绝大多数微生物都需要经过物理或化学的处理后才能处于易于吸收外源 DNA 的状态。经处理后,细胞具有吸收外源 DNA 能力的状态称为感受态,获得的克隆则叫做转化子。

转化:在基因工程操作中,转化一般是指感受态的大肠杆菌细胞捕获和表达质粒载体 DNA 分子的过程。细菌并不是任何时期都能随意摄取外来 DNA 片段的。转化过程一般发生在细菌对数生长期的后期,当细菌处于感受态时,其细胞表面出现吸附 DNA 的受体,此时才能摄取游离的 DNA 片段。重组体 DNA 分子在热休克的短暂时间内被导入受体。热休克后,需使受体菌在不含抗生素的培养液中生长至少半小时以上,使其表达足够蛋白,以便能在含抗生素的琼脂平板上长出菌落。

本章的主要内容包括目的基因的修饰及其与质粒载体的连接、大肠杆菌感受态细胞的制备、重组 DNA 导入受体细胞和转化子的筛选。

实验 4.1　限制性内切酶的酶切反应

【实验目的】

1. 学习和掌握限制性内切酶的特性。

2. 掌握对重组质粒进行限制性内切酶酶切的原理和方法,并理解限制性内切酶是 DNA 重组技术的关键工具。

【实验原理】

限制性内切核酸酶是分子生物学实验中使用频率较高的一类工具酶,它能够识别和切割双链 DNA 分子内特定的核苷酸序列。

按照亚基组成、酶切位置、识别位点和辅助因子等不同,传统上将限制性内切酶分为三类。

I 型限制性内切酶是一类兼有限制性内切酶和修饰酶活性的多亚基蛋白复合体。它们可在远离识别位点处任意切割 DNA 链。以前认为 I 型限制性内切酶很稀有,但基因组测序分析发现这类酶其实很常见。尽管 I 型酶在生化研究中很有意义,但其不能产生确定的限制片段和明确的凝胶电泳条带,因而不具备实用性。

II 型限制性内切酶能在其识别序列内部或附近特异地切开 DNA 链。它们能产生确定的限制性片段和凝胶电泳条带,因此是唯一一类用于 DNA 分析和克隆的限制性内切酶。II 型限制性内切酶由一群性状和来源都不尽相同的蛋白组成,因而它们的氨基酸序列可能截然不同。如今看来,这些酶很可能是在进化过程中独立产生的,而非来源于同一个祖先。

多数Ⅱ型限制性内切酶在特异识别序列内部切割 DNA，如 *Hha* Ⅰ、*Hind* Ⅲ和 *Not* Ⅰ 多属此类。它们一般以同源二聚体的形式结合到 DNA 上，识别对称序列；但也有少量的酶 与 DNA 结合形成异二聚体，识别非对称序列。一些酶识别连续性序列（如 *Eco*R Ⅰ识别 GAATTC）；而另一些识别非连续性序列（如 *Bgl* Ⅰ识别 GCCNNNNNGGC）。限制性内切 酶切割后产生一个 3'-羟基和一个 5'-磷酸基。只有当镁离子存在时，它们才能产生切割活 性，相应的修饰酶则需要 S-腺苷甲硫氨酸的存在。这些酶一般都比较小，亚基约 200～300 个氨基酸。

另一种比较常见的Ⅱ型限制性内切酶是所谓的Ⅱs 型酶，如 *Fok* Ⅰ、*Sap* Ⅰ和 *Alw* Ⅰ， 它们在识别位点之外切开 DNA。这些酶大小居中，约 400～650 个氨基酸，由 DNA 结合域 和切割 DNA 的功能域组成，它们识别连续的非对称序列。一般认为这些酶主要以单体的形 式结合到 DNA 上，与邻近酶分子的切割功能域结合成二聚体，协同切开 DNA 链。因此一 些Ⅱs 型酶在切割含有多个识别位点的 DNA 分子时活性更高。

第三种Ⅱ型限制性内切酶（确切地应称为Ⅳ型限制性内切酶）是一类较大的限制-修饰 复合酶，通常由 850～1250 个氨基酸组成，在同一条多肽链上具有限制和修饰两种活性。此 类酶在其识别序列外进行切割；有些酶识别连续性序列（如 *Eco*57 Ⅰ：CTGAAG），并在识别位 点的一端切割 DNA 链；而另一些酶识别非连续性序列（如 *Bcg* Ⅰ：CGANNNNNNTGC），并在 识别位点的两端切割 DNA 链，产生一小段含识别序列的片段。这些酶的氨基酸序列各不相 同，但其结构组成是一致的，N 端为一切割 DNA 的功能域，其与 DNA 修饰域连接；C 端为 一两个识别特异 DNA 序列的结构域，该域也可能以独立的亚基形式存在。这些酶与底物结 合时，它们或行使限制性内切酶的功能切开底物，或作为修饰酶将其甲基化。

Ⅲ型限制性内切酶也是一类兼有限制-修饰两种功能的酶。它们在识别位点之外切开 DNA 链，并且要求 DNA 分子中存在两个反向的识别序列以完成切割。这类酶很少能产生 完全切割的片段，因而不具备实用价值，也未被商业化。

目前使用较多的是Ⅱ型限制性内切酶。在相当多的情况下，需要使用两种限制性内切 酶切割同一种 DNA 分子。使用时应考虑两种酶对盐浓度的要求，采取同步或先后酶切的 方式。

【实验材料】

质粒、PCR 产物。

【实验器材】

微量移液枪，离心机，恒温水浴锅，制冰机，微波炉，电泳仪，水平电泳槽，透射紫外观察 仪，1.5ml 离心管。

【实验试剂】

限制性内切酶 *Bam*H Ⅰ、*Hind* Ⅲ，DNA 相对分子质量标准，双蒸水，上样缓冲液，溴化 乙锭溶液，电泳缓冲液（TAE），琼脂糖凝胶（用 TAE 电泳缓冲液配制）。

【实验步骤】

1. 取一支灭菌的离心管,依次加入下列试剂:

A：PCR 产物

ddH$_2$O	2μl
PCR 产物	30μl
10×BamH Ⅰ缓冲液	4μl
$Hind$ Ⅲ（10U/μl）	2μl
BamH Ⅰ（10U/μl）	2μl
总体积	40μl

B：质粒 DNA

ddH$_2$O	2μl
pBSSK(0.5μg/μl)	30μl
10×BamH Ⅰ缓冲液	4μl
$Hind$ Ⅲ（10U/μl）	2μl
BamH Ⅰ（10U/μl）	2μl
总体积	40μl

2. 用手指轻弹管壁,使各种试剂混匀,快速离心,以集中溶液。

3. 置 37℃水浴 2~3h。

4. 取 5μl 加溴酚蓝指示剂上样缓冲液,进行凝胶电泳,观察酶切反应结果。

5. 用凝胶电泳法分离纯化 DNA 或用苯酚/氯仿/异戊醇抽提、乙醇沉淀后,样品直接用连接酶进行连接。

6. 酶切样品如需保存则贮存于－20℃冰箱中。

【注意事项】

1. 酶切反应用的离心管和吸头,需全新、高压灭菌。使用前打开包装,用镊子夹取,不可直接用手去拿,以防手上的杂酶污染。

2. DNA 样品和限制性内切酶的用量都极少,必须严格注意吸样量的准确性及全部放入反应体系中。

3. 要注意酶切加样的次序,一般次序为双蒸水、缓冲液、DNA 各项试剂,最后才加酶。

4. 取酶时,吸头要从酶液的表面吸取,以防止吸头沾上过多的酶液。待用的酶要放在冰浴内,用后盖紧盖子,立即放回－20℃冰箱中,防止酶失活。

5. 当样品在 37℃保温时,要将离心管的盖子盖紧,防止因盖子未盖严密使水进入管内,造成实验失败。

【思考题】

1. 何为限制性内切酶? 分为几个大类? 有何作用特点?

2. 如何进行 DNA 的限制性内切酶酶切分析? 有何注意事项?

实验 4.2　外源 DNA 和质粒载体的连接反应

【实验目的】

利用 T4 DNA 连接酶在体外对来自不同生物的 DNA 片段进行连接,以构建新的重组 DNA 分子。

【实验原理】

质粒与目的基因被限制性内切酶切割后其末端有三种形式:① 带有自身不能互补的黏性末端;② 带有相同的黏性末端;③ 带有平末端。DNA 连接酶催化双链 DNA 中相邻碱基的 5'-磷酸和 3'-羟基间磷酸二酯键的形成,利用 DNA 连接酶可以将适当切割的载体 DNA 与目的基因 DNA 进行共价连接。对不同的末端通常采用不同的连接方法。

1. 带有非互补突出端的片段。用两种不同的限制性内切酶进行消化可以产生带有非互补的黏性末端,这也是最容易克隆的 DNA 片段。一般情况下,常用质粒载体均带有多个不同限制酶的识别序列组成的多克隆位点,因而几乎总能找到与外源 DNA 片段末端匹配的限制性酶切位点的载体,从而将外源片段定向地克隆到载体上。也可在 PCR 扩增时,在 DNA 片段两端人为加上不同酶切位点以便与载体相连。

2. 带有相同的黏性末端。用相同的酶或同尾酶处理可得到这样的末端。由于质粒载体也必须用同一种酶消化,亦得到同样的两个相同黏性末端,因此在连接反应中外源片段和质粒载体 DNA 均可能发生自身环化或几个分子串连形成寡聚物,而且正、反两种连接方向都可能有。所以,必须仔细调整连接反应中两种 DNA 的浓度,以便使正确的连接产物的数量达到最高水平。还可将载体 DNA 的 5'-磷酸基团用碱性磷酸酯酶去掉,最大限度地抑制质粒 DNA 的自身环化。带 5'-磷酸的外源 DNA 片段可以有效地与去磷酸化的载体相连,产生一个带有两个缺口的开环分子,在转入 E. coli 受体菌后的扩增过程中缺口可自动修复。

3. 带有平末端。是由产生平末端的限制酶或核酸外切酶消化产生,或由 DNA 聚合酶补平所致。由于平末端的连接效率比黏性末端要低得多,故在其连接反应中,T4 DNA 连接酶的浓度、外源 DNA 及载体 DNA 浓度均要高得多。通常还需加入低浓度的聚乙二醇(PEG 8000)以促进 DNA 分子凝聚成聚集体的物质,以提高转化效率。

4. 同聚末端连接,在脱氧核苷酸转移酶(也称末端转移酶)的作用下可以在 DNA 的 3'-羧基端合成低聚多核苷酸。如果把所需的 DNA 片段接上低聚腺嘌呤核苷酸,而把载体分子接上低聚胸腺嘧啶核苷酸,那么由于两者之间能形成互补氢键,同样可以通过 DNA 连接酶的作用而完成 DNA 片段和载体间的连接。

5. 特殊情况下,外源 DNA 分子的末端与所用的载体末端无法相互匹配,则可以在线状质粒载体末端或外源 DNA 片段末端接上合适的接头(linker)或衔接头(adapter)使其匹配,也可以有控制地使用 E. coli DNA 聚合酶 I 的 Klenow 大片段部分填平 3'凹端,使不相匹配的末端转变为互补末端或转为平末端后再进行连接。人工接头分子连接是在两个平整末端

DNA 片段的一端接上用人工合成的寡聚核苷酸接头片段,这里面包含有某一限制酶的识别位点。经这一限制酶处理便可以得到具有黏性末端的两个 DNA 片段,进一步便可以用 DNA 连接酶把这样两个 DNA 分子连接起来。

　　T4 DNA 连接酶是从重组大肠杆菌中纯化得到的高纯度连接酶。该酶经过克隆测试,适用于平端或黏端克隆或加接头反应。该酶可共价连接双链 DNA 或 RNA 的 5'-磷酸和 3'-羟基末端。

　　T4 DNA 连接酶催化 DNA 连接反应可分为三步。首先,ATP 与 T4 DNA 连接酶通过 ATP 的磷酸与连接酶的赖氨酸的 ε-氨基形成磷酸-氨基键而产生酶-AMP 复合物。随后,被激活的 AMP 从赖氨酸残基转移到 DNA 一条链的 5'端的磷酸基团上,形成磷酸-磷酸键。最后,DNA 链 3'端的羟基对活跃的磷原子做亲核攻击,结果形成磷酸二酯键,并释放出 AMP,完成 DNA 之间的连接。大肠杆菌 DNA 连接酶催化 DNA 连接的机理与 T4 DNA 连接酶基本相同,只是辅助因子不是 ATP 而是 NAD^+。

　　具有相同黏性末端的 DNA 分子容易通过碱基配对形成一个相对稳定的结构。连接酶利用这个相对稳定的结构,行使间断修复的功能,就可以使两个 DNA 分子比较容易连在一起。T4 DNA 连接酶具有将两个带有相同黏性末端的 DNA 分子连在一起的功能,此外也具有使两个平末端的双链 DNA 分子连接起来的功能。但总的来说,这种连接的效率比黏性末端的连接效率要低得多,可能是因为平末端 DNA 分子无法形成类似黏性末端分子那样相对稳定的结构。一般通过增加 DNA 的浓度或提高 T4 DNA 连接酶浓度的办法来提高平末端的连接效率。

　　重组质粒的构建如图 4-1 所示,其中 atc B 和 atc C 分别为共表达的两个外源基因。

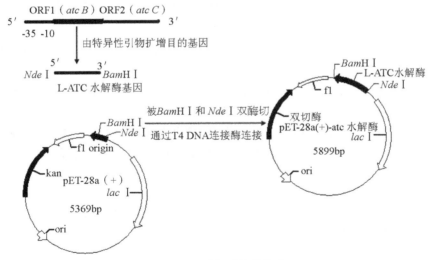

图 4-1　重组质粒的构建

【实验材料】

经酶切并纯化后的目的基因 DNA 片段和质粒载体 DNA 片段。

【实验器材】

16℃培养箱,微量移液枪,离心管,离心机,制冰机。

【实验试剂】

T4 DNA 连接酶,10×缓冲液。

【实验步骤】

1. 取干净、灭菌的新离心管,按如下所述设立连接反应混合物。

2. 将 $1\mu l$ 载体 DNA 转移到无菌微量离心管中,加 $3\mu l$ 的外源 DNA。

3. 加 ddH_2O $4\mu l$,于 45℃加温 5min 以使重新退火的黏端解链,将混合物冷却到 0℃。

4. 加入 10×T4 噬菌体 DNA 连接酶缓冲液 $1\mu l$。

5. 加 T4 噬菌体 DNA 连接酶 $1\mu l$。

6. 于 16℃保温过夜。

7. 再设立两个对照反应:① 只有质粒载体;② 只有外源 DNA 片段。如果外源 DNA 量不足,每个连接反应可用 50~100ng 质粒 DNA,并尽可能多加外源 DNA,同时保持连接反应体积不超过 $10\mu l$。

【注意事项】

1. DNA 连接酶用量与 DNA 片段的性质有关。连接平末端,必须加大酶量,一般是连接黏性末端酶量的 10~100 倍。

2. 在连接带有黏性末端的 DNA 片段时,DNA 浓度一般为 2~10mg/ml,在连接平齐末端时,需加入 DNA 浓度至 100~200mg/ml。

3. 连接反应温度选择要适中:过高,黏性末端之间形成氢键不稳定;过低,会影响连接酶的活性。

4. 连接反应后,反应液可在 0℃储存数天,-80℃下可储存 2 个月,但若在 -20℃下保持将会降低转化效率。

5. 在连接反应中,如不对载体分子进行去 5'-磷酸基处理,便用过量的外源 DNA 片段 (2~5 倍),这将有助于减少载体的自身环化,增加外源 DNA 和载体连接的机会。

【思考题】

1. 在用质粒载体进行外源 DNA 片段克隆时主要应考虑哪些因素?

2. 不同限制酶处理的 DNA 片段之间可直接进行连接吗?

实验 4.3 大肠杆菌感受态细胞的制备

【实验目的】

掌握大肠杆菌感受态细胞的制备及转化的方法和技术。

【实验原理】

大肠杆菌作为外源基因表达的宿主,遗传背景清楚,技术操作简单,培养条件简单,大规模发酵经济,倍受遗传工程专家的重视。目前大肠杆菌是应用最广泛、最成功的表达体系,常做高效表达的首选体。

大多数应用于分子生物学实验的大肠杆菌菌株来自 K12。

1970 年首次证明受冰冷 $CaCl_2$ 及热休克处理后的细菌能被 λ 噬菌体转染。后来,又用同样的方法成功地用质粒 DNA 对细菌进行了转化。冰冷 $CaCl_2$ 溶液处理能使细菌进入"感受态",而热休克则使细菌的细胞膜张开,这样 DNA 得以进入细胞。迄今为止,人们为了提高转化效率对这一技术进行了许多改进。

感受态为细菌处于容易吸收外源 DNA 的状态。转化是指质粒 DNA 或以它为载体构建的重组子导入细菌的过程。其原理是细菌处于低温低渗的 $CaCl_2$ 溶液中,细菌细胞膨胀成球形。转化混合物中的 DNA 形成抗 DNA 酶的羟基-钙磷酸复合物粘附于细胞表面,经 42℃ 短时间热处理,促进细胞吸收 DNA 复合物。将细菌置于非选择性培养基中保温一段时间,促使在转化过程中获得的新的表型(如 Amp^r 等)得到表达,然后将此细菌培养物涂布在含有相应选择压力,如氨苄青霉素(Amp)的选择性培养基上。

经过 Ca^{2+} 处理的感受态细胞,其转化率一般能达到 $5 \times 10^6 \sim 2 \times 10^7$ 转化子/质粒 DNA,可以满足一般的基因克隆试验。如在 Ca^{2+} 的基础上,联合其他的二价金属离子(如 Mn^{2+}、Co^{2+})、DMSO 或还原剂等物质处理细菌,则可使转化率提高 100~1000 倍。

化学法简单、快速、稳定、重复性好,菌株适用范围广,感受态细菌可以在 -70℃ 保存,因此被广泛用于外源基因的转化。

除化学法转化细菌外,还有电击转化法,使用低盐缓冲液或水洗制备的感受态细胞,通过高压脉冲的作用将载体 DNA 分子导入受体细胞。电击法不需预先诱导细菌的感受态,依靠短暂的电击,促使 DNA 进入细菌,转化率最高能达到 $10^9 \sim 10^{10}$ 转化子/闭环 DNA。其因操作简便,愈来愈为人们所接受。

【实验材料】

E. coli TG1 或 BL21。

【实验器材】

超净工作台,低温离心机,恒温摇床,冰箱,恒温水浴锅,微量移液枪,离心管,玻璃试管。

【实验试剂】

LB 培养基,氯化钙($CaCl_2$),去离子水等。

【实验步骤】

感受态细胞制备($CaCl_2$)如图 4-2 所示。

1. 从 LB 平板上挑取新活化的 *E. coli* TG1 单菌落,接种于 5ml LB 液体培养基中,37℃

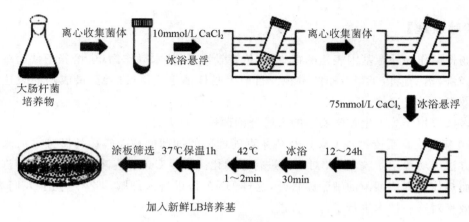

图 4-2　感受态细胞制备示意图

下振荡培养 8～12h。

2. 将新鲜菌液以 1：100 的比例接种于 LB 液体培养基,37℃培养 1.5～2h。

3. 将培养液转入离心管,冰上放置 10min,然后于 4℃下 3000r/min 离心 10min,收集菌体。

4. 菌体用预冷的 $750\mu l$ 75mmol/L $CaCl_2$ 轻柔悬浮菌体,冰上放置 30min 后,4℃下 3000r/min 离心 5min。

5. 弃去上清,加入 $200\mu l$ 预冷的 75mmol/L $CaCl_2$,轻轻悬浮菌体,冰上放置 3～4h 以上,即成感受态细胞悬液。

新制备的感受态细胞在 72h 内使用,保持较高的转化效率;细胞也可以在液氮中速冻后保存于 −70℃,长期使用。感受态细胞进行转化实验时,均需要设置商品质粒的阳性对照,确定转化效率。

【注意事项】

1. 细胞的生长状态和密度:最好从 −70℃或 −20℃甘油保存的菌种中直接转接用于制备感受态细胞的菌液。不要用已经过多次转接及贮存在 4℃的培养菌液。应使用对数期或对数生长前期的细菌,可通过测定培养液的 OD_{600} 控制。对 TG1 菌株,OD_{600} 为 0.5 时,细胞密度在 5×10^7 个/ml 左右。

2. 制备感受态细胞时要采用对数生长期初期的细胞,低温处理时间要足够。

3. 试剂的质量:所用的 $CaCl_2$ 等试剂均需是最高纯度的,并用最纯净的水配制,最好分装保存于 4℃。

【思考题】

1. 宿主菌培养到何种状态最适合?

2. 制备感受态细胞的原理是什么?

实验 4.4　重组质粒的转化与选择

【实验目的】

掌握重组质粒的转化方法和转化子的筛选方法。

【实验原理】

转化是微生物遗传、分子遗传、基因工程等研究领域的基本实验技术之一。受体细胞经过一些特殊方法,如电击法、CaCl₂ 等化学试剂法处理后,使细胞膜的通透性发生变化,成为能容许外源 DNA 分子通过的感受态细胞。进入细胞的 DNA 分子通过复制、表达实现遗传信息的转移,使受体细胞出现新的遗传性状。携带重组质粒的转化子可以通过平板培养后菌落显现的蓝白颜色来筛选。

蓝白斑筛选法又叫互补筛选法。现在使用的许多载体都带有一个大肠杆菌的 DNA 的短区段,其中有 β-半乳糖苷酶基因(lacZ)的调控序列和前 146 个氨基酸的编码信息。如载体 pGEMZ 在 β-半乳糖苷酶(lacZ)的 α-肽编码区内具有多克隆区域。在这个编码区中插入了一个多克隆位点(MCS),它并不破坏读框,但可使少数几个氨基酸插入 β-半乳糖苷酶的氨基端而不影响功能,这种载体适用于可编码 β-半乳糖苷酶 C 端部分序列的宿主细胞。因此,宿主和质粒编码的片段虽都没有酶活性,但它们同时存在时,可形成具有酶学活性的蛋白质。这样,lacZ 基因在缺少近操纵基因区段的宿主细胞与带有完整近操纵基因区段的质粒之间实现了互补,称为 α-互补。在重组质粒中插入片段使 α-肽失活,可在指示平板上通过颜色筛选鉴别。不带有插入片段的载体,表达有功能的 β-半乳糖苷酶,所用的宿主菌在染色体或附加体上缺失掉 lacZM15 基因,导致内源 α-肽失活。载体 pGEMZ 或其他含 lacZ 基因的 α-肽互补细菌,具有 β-半乳糖苷酶的 ω 片段,所得功能 β-半乳糖苷酶(α-肽加 ω 片段)将底物 X-gal 转化为有颜色的产物,得到蓝色菌落。在载体 pGEMZ 的多克隆区域,克隆上插入片段导致 α-肽编码区的破坏,使 β-半乳糖苷酶失活,则得到白色菌落。因此可以从平板培养基上根据菌落的颜色初步挑选出转化子。如需确认,则要通过抽提质粒进行酶切电泳鉴定或菌落原位杂交等方法。

【实验材料】

感受态的大肠杆菌,连接产物。

【实验器材】

恒温水浴锅,超净工作台,离心机,移液枪,牙签,离心管,玻璃试管,制冰机。

【实验试剂】

X-gal,IPTG,抗生素,含 Amp 的 LB 培养基。

【实验步骤】

一、重组质粒的转化

1. -70℃取出的感受态细胞悬液（或新制备保存于4℃的细胞）200μl,立即置冰上。

2. 加入连接产物3μl轻轻摇匀,冰浴30min,并以无菌双蒸水及pBSSK质粒（或其他商品质粒）代替连接产物分别做阴性、阳性对照。

3. 37℃水浴中热击5min,热击后迅速置于冰上冷却3~5min。

4. 向管中加入1ml 37℃预热的LB液体培养基,混匀后37℃振荡培养1h。

5. 菌液摇匀后各取10μl,加入30μl IPTG(200mg/ml)及30μl X-gal(20mg/ml),充分混匀后涂布于含Amp的筛选平板上,正面放置20min后,37℃倒置培养12~14h,置于4℃ 3~4h,使显色完全。

二、重组质粒的筛选

1. 准备含终浓度为50μg/ml Amp的LB平板和LB液体培养基（含Amp、IPTG和X-gal的平板用PARAFILM封口后可以在4℃保存,随用随取;含Amp的LB液体培养基需随用随配）。

2. 在灭菌的1.5ml离心管中,加入1ml含Amp的LB液体培养基,并编号。

3. 从充分显色的筛选平板上,用灭菌牙签挑取单个白色菌落,首先在含Amp的LB平板上的标定位置划短线,然后将牙签在对应的LB液体培养基（编号的离心管）中浸泡两三次,盖好管盖。

4. 接种含Amp的LB平板在37℃培养箱中倒置培养,接种含Amp的LB液体培养基（编号的1.5ml离心管）在37℃振荡培养14~18h。

5. 观察细菌生长情况,取LB平板上表现单纯白色菌落、含Amp的LB液体培养基中生长良好的单菌落培养物进行质粒抽提和鉴定,如图4-3所示。

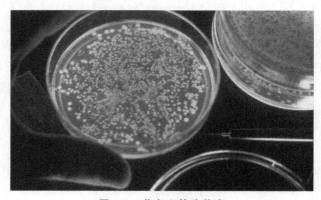

图4-3 蓝白斑筛选鉴定

【注意事项】

1. 质粒DNA的质量和浓度

用于转化的质粒DNA应主要是超螺旋态的,转化率与外源DNA的浓度在一定范围内成正比,但当加入的外源 DNA 的量过多或体积过大时,则会使转化率下降。一般地,DNA 溶液的体积不应超过感受态细胞体积的 5%,1ng 的共价闭环质粒 DNA(covalently closed circular DNA,cccDNA)即可使 50μl 的感受态细胞达到饱和。

对于以质粒为载体的重组分子而言,相对分子质量大的转化效率相应较低。实验证明,大于 30kb 的重组质粒将很难进行转化。此外,重组 DNA 分子的构型与转化效率也密切相关,环状重组质粒的转化率较相对分子质量相同的线性重组质粒高 10～100 倍,因此重组 DNA 大都构成环状双螺旋分子。

2. 防止杂菌和杂 DNA 的污染

整个操作过程均应在无菌条件下进行,所用器皿,如离心管、移液枪头等最好是新的,并经高压灭菌处理。所有的试剂都要灭菌,且注意防止被其他试剂、DNA 酶或杂 DNA 所污染,否则均会影响转化效率或杂 DNA 的转入。

3. 整个操作均需在冰上进行,不能离开冰浴,否则细胞转化率将会降低。

4. 对照的设置

对照组 1:以同体积的无菌双蒸水代替 DNA 溶液,其他操作与上面相同。正常情况下,此组在含抗生素的 LB 平板上应没有菌落出现。

对照组 2:以同体积的无菌双蒸水代替 DNA 溶液,但涂板时只取 5μl 菌液涂布于不含抗生素的 LB 平板上。正常情况下,此组应产生大量菌落。

5. 转化及蓝白筛选要作阴、阳性对照,防止出现假阳性、假阴性。

【思考题】

1. 利用 α-互补现象筛选带有插入片段的重组克隆的原理是什么?

2. 什么情况下平板上会出现卫星菌落?

【参考文献】

[1] 王镜岩.生物化学[M].第三版.北京:高等教育出版社,2002.

[2] 吴敏.生命科学导论实验指导[M].北京:高等教育出版社,2001.

[3] 罗九甫.酶和酶工程[M].上海:上海交通大学出版社,1996.

[4] 林德馨.生物化学与分子生物学实验[M].北京:科学出版社,2008.

[5] J. 萨姆布鲁克等.分子克隆试验指南[M].第三版.黄培堂等译.北京:科学出版社,2008.

第 5 章

重组子的筛选与鉴定

重组 DNA 进入受体细胞后,必须使用各种筛选与鉴定手段区分转化子(transformant,接纳载体或重组 DNA 分子后的细胞)与非转化子(未接纳载体或重组 DNA 分子的非转化细胞)。在基因克隆、DNA 文库制备过程中,外源 DNA 与载体连接、载体转化宿主细胞或体外包装的载体中,往往有一部分是没有外源 DNA 的,来自自我载体的空荷载体。如何从克隆的群体中排除假阳性的重组子? 如何从成千万的重组子中筛选出所需要的目的克隆? 如何证明选择的克隆含有所需要的目的基因? 筛选是克隆目的基因的重要步骤。筛选的目的就是挑选出含有目的序列的重组体。

从转化的细菌群体中分离带有目的基因的转化子,主要从三个层次检测: ① 载体遗传标记检测;② 克隆 DNA 序列检测;③ 外源基因表达产物检测。常用的方法有平板筛选法、电泳筛选法、PCR 检测法和核酸探针筛选法。本章主要介绍杂交技术应用于重组 DNA 分子的检测。

分子杂交(molecular hybridization)是指一类核酸和蛋白质分析方法,用于检测样品中特定核酸分子或蛋白质分子是否存在,以及其相对含量大小。根据检测的对象的不同,可分为 Southern 印迹(Southern blotting)杂交、Northern 印迹(Northern blotting)杂交与 Western 印迹(Western blotting)杂交。在 3 个主要的分子杂交过程中,都采用了印迹转移这一核心技术,都是先将 DNA 或 RNA 或蛋白质在凝胶上进行分离,使不同相对分子质量的分子在凝胶上展开,然后将凝胶上的样品通过影印的方式转移到固相支持物上。完成这个印迹过程以后,通过标记的探针与滤膜上的分子进行杂交,从而判断样品中是否有与探针同源的核酸分子或与抗体反应的蛋白质分子,并推测其相对分子质量的大小。Southern 印迹杂交是 1976 年由 E. M. Southern 首创的分子印迹杂交法,是进行基因组 DNA 特定序列定位的通用方法。一般利用琼脂糖凝胶电泳分离经限制性内切酶消化的 DNA 片段,将胶上的 DNA 变性并在原位将单链 DNA 片段转移至尼龙膜或其他固相支持物上,经干烤或者紫外线照射固定,再与相对应结构的标记探针进行杂交,用放射自显影或酶反应显色,从而检测特定 DNA 分子的含量。与 Southern 印迹杂交相对应的是 1977 年由 G. R. Stank 创造的 Northern 印迹杂交,是一种通过检测 RNA 的表达水平来检测基因表达的方法,可以检测到细胞在生长发育特定阶段或者胁迫或病理环境下特定基因表达情况。Western 印迹杂交是通过特异性抗体对凝胶电泳处理过的细胞或生物组织样品进行着色,通过分析着色位置和着色深度获得特定蛋白质在所分析的细胞或组织中的表达情况的信息。

本章节主要内容包括 Southern 印迹、Northern 印迹、菌落原位、斑点和 Western 印迹杂交技术。

实验 5.1　Southern 印迹杂交

【实验目的】

学习用 Southern 印迹杂交检测重组 DNA 分子中插入的外源 DNA 是否确实是我们所需克隆的目的片段,掌握 Southern 印迹杂交原理及操作。

【实验原理】

从组织细胞中提取和纯化基因组 DNA,选择一种或几种限制性内切酶消化切割受检细胞 DNA,使其成为许多大小不同的片段;DNA 片段经琼脂糖凝胶电泳分离后,在凝胶上形成有规则的从大到小的排列;电泳后的凝胶经碱处理使双链 DNA 分子变性成为单链,利用毛细管作用原理,将凝胶上的单链 DNA 片段转移到硝酸纤维素膜或尼龙膜上,80℃烘烤固定;用放射性同位素或地高辛标记探针 DNA(放射性标记灵敏度高,效果好;地高辛标记没有半衰期,安全性好。本章实验主要以放射标记法为例介绍实验步骤)。将探针和膜杂交后,用 X 胶片感光作放射自显影,显示出杂交条纹,分析图谱上的特异 DNA 片段存在情况,如图 5-1 所示。

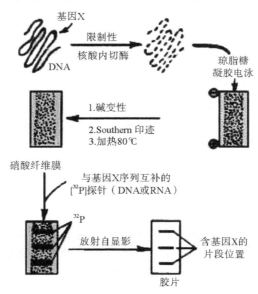

图 5-1　Southern 印迹杂交原理

【实验材料】

基因组 DNA 溶液或其他待测 DNA 分子。

【实验器材】

1.5ml 离心管,微量移液枪,杂交炉,电泳槽,电泳仪,振荡器,低温离心机,恒温烤箱,恒温水浴,塑料盒,玻璃板,紫外检测仪,杂交管,制冰机等。

【实验试剂】

1. 限制性内切酶,琼脂糖,溴化乙锭或 SYBR Green Ⅰ等核酸染料,TBE。
2. 滤纸,尼龙膜或硝酸纤维素膜。
3. 脱嘌呤缓冲液:0.25mol/HCl。
4. 变性溶液:1.5mol/L NaCl,0.5mol/L NaOH。
5. 中性溶液:0.5mol/Tris-HCl(pH7.5),3mol/L NaCl。
6. 20×SSC:3mol/L NaCl,0.3mol/L 柠檬酸钠,用 HCl 调 pH 至 7.4。
7. 洗液Ⅰ:2×SSC,0.1% SDS。
8. 洗液Ⅱ:0.5×SSC,0.1% SDS。
9. 50×Denhardt's 溶液:1% PVP-360,1% Ficoll 400,1% BSA。
10. 10ml/mg 鲑鱼精(Salmon sperm DNA)。
11. 预杂交液:5×Denhardt's 试液,50mmol/L 磷酸缓冲液(pH7.0),0.2% SDS,500μg/ml 变性的鲑精 DNA 片断,50%甲酰胺。
12. 其他 Southern 印迹杂交常规试剂详见本书附录 2。

【实验步骤】

一、滤膜的准备

1. 提取基因组 DNA。
2. 用适当限制性内切酶(如 EcoRⅠ、BamHⅠ、$Hind$Ⅲ)消化 DNA:

ddH₂O	6μl
基因组 DNA	20μl(3~5μg)
10×缓冲液	2μl
限制性内切酶	2μl
总体积	30μl

3. 37℃条件下保温 10~24h。
4. 取所有样品和 DNA 相对分子质量标准一起在 0.8%凝胶上在 TBE 上进行电泳(50V)。
5. 电泳结束后,用溴化乙锭或 SYBR Green Ⅰ等核酸染料染色,在凝胶的侧沿放一把直尺进行拍照,并做标记,便于以后识别电泳带在膜上的位置。
6. 将电泳凝胶用蒸馏水冲洗后,放入 100ml 脱嘌呤缓冲液中脱嘌呤,室温条件下缓慢振动浸泡 15min,凝胶部分显黄色。
7. 凝胶用蒸馏水冲洗后,转移至 100ml 变性溶液中缓慢振动浸泡 20min,凝胶部分显蓝色,换新的变性溶液,再振动浸泡 20min。
8. 水洗凝胶后,转移至中性溶液缓慢振动浸泡 15min,然后换新的中性溶液,再振动浸泡 15min。
9. 利用毛细管作用将 DNA 从琼脂糖凝胶转移到硝酸纤维素滤膜或尼龙膜上。转移装置(图 5-2)的各层依次为:玻璃板横架于一个装有大量 20×SSC(500~1000ml)的盘子上,将 1 张 Whatman 3MM 的滤纸桥放在玻璃板上,两端悬垂在溶液中,并用 20×SSC 溶液湿润。再放 2 张 20×SSC 溶液湿润的 Whatman 3MM 滤纸、电泳后的凝胶、1 张水湿润的尼龙膜、3 张 20×SSC 溶液湿润的 Whatman 3MM 滤纸以及一叠 5cm 厚纸巾塔。将一块玻璃板平放叠层上面,再在上面加一重物,以便各层固定,放置一晚上。

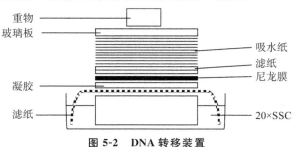

图 5-2　DNA 转移装置

10. 拿掉重物和吸水纸,在胶上每个点样孔中间用针标记每个样品的位置,取出杂交尼龙膜,剪角标记。在 2×SSC 溶液中非常缓慢清洗 5min。

11. 取出杂交膜,放滤纸上自然风干,夹在 2 张滤纸中 80℃ 烘烤 2h 以上。4℃ 保存备用。

二、探针的标记

1. 取 10ng～3μg DNA,用双蒸水定容至 20μl;在沸水浴中保温 10min 变性 DNA,迅速放冰上冷却。

2. 进行标记反应:

ddH$_2$O	10μl
变性 DNA	20μl
5×标记缓冲液	10μl
三种未标记 dNTP	4μl
DNA 聚合酶	1μl
[α-^{32}P]dCTP	5μl
总体积	50μl

混匀后,在 37℃ 水浴中保温 1h。

3. 用 DNA 回收试剂盒纯化探针 DNA。

4. 沸水浴 5～10min,然后快速冷却,探针标记完成。

三、杂交

1. 将上述固定了 DNA 的尼龙膜浸泡于 6×SSC 溶液 5min,充分湿润。

2. 尼龙膜置于杂交管中,加入适量预杂交液(0.2ml/cm^2 膜面积),尽量排除其中气泡。

3. 恒温 42℃ 水浴中保温 2h。

4. 弃去预杂交液,加入预先在沸水浴变性后的 DNA 探针,用预杂交液稀释探针(5～25ng/ml)加入杂交管中,42℃ 杂交过夜(16h 左右)。

5. 杂交完毕,弃去所有的杂交液,取出滤膜,迅速浸泡于洗液Ⅰ的容器中,室温下漂洗 15min 重复一次。

6. 滤膜转至洗液Ⅱ中,65℃ 水浴振荡漂洗 30min,直到用检测器检不出信号为止。

7. 室温下,0.1×SSC 漂洗 5min,滤膜晾干后放射自显影。

四、放射自显影

1. 将 Southern 膜置于干净滤纸上,用含同位素的墨水在膜上做标记,以确定方位和检测放射自显影的效率。

2. 用塑料薄膜把 Southern 膜包好,上压一张 X 线片,两边附增感屏,夹于暗盒中;−70℃曝光,24~48h 后洗片,本操作须在暗室中进行。

【思考题】

1. Southern 印迹杂交能否检出杂交信号取决于哪些因素?

实验 5.2　Northern 印迹杂交

【实验目的】

学习用标记探针杂交分析 RNA 样品中特定 mRNA 的大小及丰度,掌握 Northern 印迹杂交的原理及操作方法。

【实验原理】

Northern 印迹杂交是 Southern 印迹杂交的基础之上发展而来的一种技术,是 1977 年 G. R. Stark 首创的,检测某一特定 RNA 分子的方法。其基本原理是,将 RNA 样品通过琼脂糖凝胶进行分离,再转移到固相支持载体上,用同位素或地高辛标记的探针对固定于膜上的 mRNA 进行杂交,将具有阳性信号的位置与标准相对分子质量分子进行比较,可知此 mRNA 的相对分子质量大小,根据杂交信号的强弱进行比较,可知基因表达的丰度,因此这一技术广泛应用于特异的 mRNA 分子在细胞处于不同条件下发生的质和量的变化或不同组织器官中基因表达的差异。

Northern 印迹杂交的基本原理与 Southern 印迹杂交类似,但总 RNA 不需要进行酶切,即是以各个 RNA 分子的形式存在,可直接应用于电泳,但不能用碱变性,否则会引起 RNA 的水解。RNA 变性后在转移过程中与硝酸纤维素膜结合,样品可在高盐中进行转印,但在烘烤前与膜结合得并不牢固,所以在转印后不能用低盐缓冲液洗膜,否则 RNA 会被洗脱。虽然 Northern 印迹杂交也可检测目标 mRNA 分子的大小,但更多的是用于检测目的基因在组织细胞中有无表达及表达的水平如何。

【实验材料】

待测细胞总 RNA。

【实验器材】

1.5ml 离心管,微量移液枪,杂交炉,电泳槽,电泳仪,振荡器,低温离心机,恒温烤箱,恒温水浴,塑料盒,玻璃板,紫外检测仪,杂交管,制冰机。

【实验试剂】

1. 5×MOPS 电泳缓冲液:

MOPS(pH7.0)	0.1mol/L
乙酸钠	40mmol/L
EDTA(pH8.0)	5mmol/L

制备方法:20.6g MOPS 溶于 800ml 用 DEPC 处理过的 50mmol/L 乙酸钠溶液中,用 2mol/L NaOH 调节 pH 至 7.0,然后加入 10ml 0.5mol/L EDTA,用 DEPC 预处理过的蒸馏水调节体积至 1000ml,0.2μm 微孔滤膜过滤,室温下避光保存。

2. 甲醛凝胶上样缓冲液:

EDTA(pH8.0)	1mmol/L
溴酚蓝	0.25%
二甲苯青 FF	0.25%

DEPC 处理并高压灭菌,室温保存。

3. 100×Denhardt's 溶液、20×SSC 等预杂交、杂交所用试液与 Southern 印迹相同。

4. DEPC-H_2O:0.1% DEPC 水。

5. 去离子甲酰胺,0.37% 甲醛。

6. 其他 Northern 印迹杂交常规试剂见本书附录 2。

【实验步骤】

一、制备 RNA 变性凝胶

1. 制备 1.0% RNA 电泳的琼脂糖凝胶

取 1g 琼脂糖加入 62ml DEPC 处理水中,熔化琼脂糖后,冷却到 60℃,再加 20ml 的 5×MOPS 缓冲液和 17.8ml 的 37% 甲醛混匀,铺胶。

2. RNA 样品的预处理

将 20μg 的总 RNA 与 2μl 的 5×MOPS 电泳缓冲液、4μl 甲醛和 10μl 的甲酰胺混匀,总体积 20μl,在 65℃ 保温 30min,冰浴冷却 10min,然后加入 2μl 的甲酰胺加样缓冲液。

3. 电泳

在电泳槽中加入 1×MOPS 电泳缓冲液,50V 预电泳 5min,在凝胶加样孔中加入 RNA 样品,再在 50V 下电泳直至溴酚蓝移动到凝胶的前沿处,关闭电源。

二、凝胶转移

1. 电泳结束后,将凝胶转移到一瓷盘中,用 DEPC 水漂洗 3 次,用刀片修去凝胶边缘无用的部分,在凝胶的左下角切去一小角。

2. 20×SSC 轻轻摇动洗胶,5~10min。

3. 取 2 张滤纸,用 20×SSC 饱和;将凝胶放在滤纸上。

4. 按胶块大小减去膜一张,先用 DEPC 水浸湿,再用 20×SSC 中浸泡 1h 饱和,剪去膜一角,平铺胶上,不能有气泡,不能接触滤纸。

5. 膜上加 3 张干燥的滤纸,再加上吸水纸和重物,转印过夜。

6. 转移结束后,将膜用铅笔做标记,在 6×SSC 中浸泡 5min,以去除膜上残留的凝胶。将膜用 80℃烘烤 2h,烤干后用塑料袋密封,4℃保存备用。

三、探针标记

1. 取模板 DNA 25ng 于 1.5ml 离心管中,100℃变性 5min,冰浴 5min。

2. 将下列反应成分混合:

BSA (10mg/ml)	2μl
5×标记缓冲液	10μl
三种未标记 dNTP	2μl
Klenow 酶(5U/μl)	1μl
[α-³²P]dCTP	5μl
总体积	50μl

轻轻摇匀,室温下反应 1h。

四、Northern 印迹杂交

1. 将膜放入 6×SSC 中,浸润 2min,然后装入杂交管内,加预杂交液,放入杂交炉中,42℃封闭 3h。

2. 探针预先在沸水中热变性 5min,迅速置冰浴中冷却,然后用预杂交液稀释探针(5～25ng/ml 加入杂交管中,42℃杂交 16h。

3. 将膜在杂交管中取出,放入含有数百毫升 2×SSC 及 0.5% SDS 的平皿中,室温下将平皿放在缓慢的旋转平台上轻轻振荡 15min,将以上步骤重复一次。

4. 将膜放入含有数百毫升 2×SSC 及 0.5% SDS 的平皿中,42℃下将平皿放在缓慢旋转平台上轻轻振 15min,将以上步骤重复一次。

5. 将浸泡的溶液换成 0.1×SSC 及 0.1% SDS,65℃放置 0.5～4h,并轻轻振荡,再在室温下用 0.1×SSC 洗膜。

6. 洗后,在膜未彻底晾干前,用塑料薄膜包好,压片,进行放射自显影。

【注意事项】

1. 在胶中不能加 EB,因为它会影响 RNA 与硝酸纤维素膜的结合。

2. 使用的器具、试剂以及实验环境一定要防止 RNA 酶的存在。

3. 使用的玻璃、塑料等器具一定要灭菌。

4. 电泳槽等不能灭菌的器具,洗净后用 5%双氧水浸泡 1h,用蒸馏水冲洗净。

5. 所有 Northern 印迹杂交所用的溶液均需用 DEPC 水配制。

【思考题】

1. Northern 印迹杂交与 Southern 印迹杂交的不同点有哪些?

实验 5.3　菌落原位杂交

【实验目的】

对分散在若干个琼脂平板上的少数菌落进行克隆筛选,掌握菌落原位杂交操作。

【实验原理】

菌落原位分子杂交,即从多数寄主菌的菌落中,将含特定的碱基排列顺序的 DNA,通过与其碱基序列互补的 RNA 或 DNA 探针杂交而进行检出和选择的方法。一般是使在琼胶培养基上形成含有质粒的菌落后,在其上面压附一层硝酸纤维素薄膜,将菌落移于薄膜上。用碱处理同时引起溶菌和 DNA 变性后,在薄膜上各个群落的位置上分别将变性的 DNA 固定起来,然后与用放射性同位素或地高辛标记的特定的 RNA 或 DNA 探针杂交,再用放射自显影法来鉴别含有所希望的 DNA 排列顺序的寄主菌的菌落,最后从原来的琼胶培养基上的菌落中选出其相应的材料。

【实验材料】

待检测的细菌平皿。

【实验器材】

1.5ml 离心管,微量移液枪,杂交炉,电泳槽,电泳仪,振荡器,低温离心机,恒温烤箱,恒温水浴,塑料盒,玻璃板,紫外检测仪,杂交管,制冰机。

【实验试剂】

1. 已标记好的探针、硝酸纤维素滤膜等。
2. LB 固体培养基。
3. 预洗液:5×SSC,0.5% SDS,1mmol/L EDTA(pH8.0)。
4. 预杂交液:50% 甲酰胺,6×SSC,0.05×BLOTTO(牛乳转移技术优化液,bovine lacto transfer technique optimizer)。
5. 其余试剂与 Southern 印迹杂交相同。

【实验步骤】

一、将少数菌落转移到硝酸纤维素滤膜

1. 在含有选择性抗生素的琼脂平板上放一张硝酸纤维素滤膜。
2. 用无菌牙签将各个菌落先转移至滤膜上,再转移至含有选择性抗生素但未放滤膜的琼脂主平板上。应按一定的格子进行划线接种(或打点)。每菌落应分别划线于两个平板的相同位置上。最后,在滤膜和主平板上同时划一个含有非重组质粒(如 pBR322)的菌落。

3. 倒置平板,于37℃培养至划线的细菌菌落生长到 0.5～1.0mm 的宽度。

4. 用已装防水黑色绘图墨水的注射器针头穿透滤膜直至琼脂,在 3 个以上的不对称位置做标记。在主平板大致相同的位置上也做上标记。

5. 用 Parafilm 膜封好主平板,倒置贮放于 4℃,直至获得杂交反应的结果。

6. 裂解细菌,按本段下面所述方法,使释放的 DNA 结合于硝酸纤维素滤膜。

二、菌落的裂解及 DNA 结合于硝酸纤维素滤膜

1. 在一张保鲜膜上制作一个装有 0.5mol/L NaOH 的小洼(0.75ml),使菌落面朝上,将滤膜放到小洼上,展平保鲜膜,使滤膜均匀湿润,让滤膜留于原处 2～3min。

2. 用干纸巾从滤膜的下方吸干滤膜,用一张新的保鲜膜和新配制的 0.5mol/L NaOH 重复上一步骤(步骤 1)。

3. 吸干滤膜,将滤膜转移到新的带有 1mol/L Tris·Cl (pH7.4)的保鲜膜洼上。5min 后吸干滤膜,再重复一次该步骤。

4. 吸干滤膜,把它转移到有 1.5mol/L NaCl、0.5mol/L Tris·Cl (pH7.4)的保鲜膜小洼上,5min 后吸干滤膜,转移到一张干的滤纸上,置于室温 20～30min,使滤膜干燥。

5. 将滤膜夹在两张干的滤纸之间,在真空烤箱中于 80℃干烤 2h,固定 DNA。

6. 将固定在膜上的 DNA 与 ^{32}P 标记的探针杂交。

三、杂交

1. 将干烤的滤膜用 2×SSC 彻底浸湿 5min。

2. 将滤膜转到 200ml 预杂交液中。滤膜叠在一起,放于溶液中。用保鲜膜盖住玻璃皿,放到位于培养箱内的旋转平台上,于 50℃处理 30min。在这一步及以后的所有步骤中,应缓缓摇动滤膜,防止它们粘在一起。

3. 用泡过预洗液的吸水棉纸轻轻地从膜表面拭去细菌碎片,以降低杂交背景而不影响阳性杂交信号的强度和清晰度。

4. 将滤膜转到盛有 150ml 预杂交液的玻璃中,在适宜温度(即在水溶液中杂交时用 68℃,而在 50%甲酰胺中杂交时用 42℃)下,预杂交 1～2h。

5. 将 ^{32}P 标记的双链 DNA 探针于 100℃加热 5min,迅速置于冰浴中。单链探针不必变性。将探针加到杂交袋中杂交过夜。杂交期间,盛滤膜的容器应盖严,以防液体蒸发。

6. 杂交结束后,去除杂交液,立即于室温把滤膜放入大体积(300～500ml)的 2×SSC 和 0.1% SDS 溶液中,轻轻振摇 5min,并将滤膜至少翻转一次。重复洗一次,同时应避免膜干涸。

7. 于 68℃用 300～500ml 1×SSC 和 0.1% SDS 溶液洗膜两次,每次 1～1.5h。此时已可进行放射自显影。如背景很高或实验要求严格的洗膜条件,用 300～500ml 0.2×SSC 和 0.1% SDS 的溶液于 68℃将滤膜浸泡 60min。

8. 把滤膜放在纸巾上于室温晾干后,把滤膜(编号面朝上)放在一张保鲜膜上,并在保鲜膜上做几个不对称的标记,以使滤膜与放射性自显影片位置对应。

9. 用第二张保鲜膜盖住滤膜。加 X 光片并加上增感屏于－70℃曝光 12～16h。

10. 底片显影后,在底片上贴一张透明硬纸片。在纸上标记阳性杂交信号的位置,同时

在不对称分布点的位置上做标记。可从底片上取下透明纸,通过对比纸上的点与琼脂上的点来鉴定阳性菌落。

【注意事项】

1. 在胶中不能加 EB,因为它会影响 RNA 与硝酸纤维素膜的结合。
2. 使用的器具、试剂以及实验环境一定要防止 RNA 酶的存在。
3. 使用的玻璃、塑料等器具一定要灭菌。
4. 电泳槽等不能灭菌的器具,洗净后用 5％双氧水浸泡 1h,用蒸馏水冲洗净。
5. 所有 Northern 转印的溶液均需用 DEPC 水配制。

【思考题】

1. 菌落原位杂交与其他杂交相比的优势是什么?

实验 5.4　斑点杂交

【实验目的】

掌握斑点杂交原理,学习 DNA 斑点杂交法检测目的基因的操作方法。

【实验原理】

斑点杂交(dot blot)法是将被检标本点到膜上,烘烤固定。这种方法耗时短,可做半定量分析,一张膜上可同时检测多个样品。为使点样准确方便,市售有多种多管吸印仪(manifolds),如 Minifold Ⅰ和Ⅱ、Bio-Dot (Bio-Rad)和 Hybri-Dot。它们有许多孔,样品加到孔中,在负压下就会流到膜上呈斑点状或狭缝状,反复冲洗进样孔,取出膜烤干或紫外线照射以固定标本,这时的膜就可以进行杂交。

【实验材料】

待测 DNA 样品。

【实验器材】

1.5ml 离心管,微量移液枪,杂交炉,电泳槽,电泳仪,振荡器,低温离心机,恒温烤箱,恒温水浴,塑料盒,玻璃板,紫外检测仪,杂交管,制冰机。

【实验试剂】

100％ 甲酰胺,甲醛(37％),20×SSC,0.1mol/L NaOH,硝酸纤维素滤膜,滤纸。

【实验步骤】

1. 将硝酸纤维素滤膜浸泡于 20×SSC 中吸足液体后,夹在两层滤纸中 37℃ 烘烤

20～30min。

2. 将待测 DNA 样品与 20μl 100％甲酰胺、7μl 37％甲醛、2μl 20×SSC 混合,煮沸 10min,冰中速冷 5min。点样前加入等体积的 20×SSC。

3. 用铅笔在滤膜上标好位置,将 DNA 点样于膜上。每个样品一般点 5μl (2～10μg DNA)。

4. 将膜在室温下风干后,再于 120℃烘烤 30min;密封 4℃保存备用。

5. 杂交步骤同 Southern 印迹杂交。

【注意事项】

1. 如样品为 RNA,样品变性温度为 68℃水浴 15min,点完样的膜用 80℃干燥 1.5h。

【思考题】

1. 斑点杂交与其他杂交相比的优势是什么?

实验 5.5　Western 印迹杂交

【实验目的】

学习用标记探针杂交分析蛋白质样品中特定蛋白质的存在及含量,掌握 Western 印迹杂交的原理及操作方法。

【实验原理】

Western 印迹杂交也叫蛋白质印迹杂交,是鉴别蛋白质的杂交,即通过将 SDS-PAGE 电泳分离后的蛋白质组分转移到固定化基质上,再以免疫学方法(用特异性抗体)分析靶蛋白质的存在及其含量。

一个典型的蛋白质印迹实验包括四个步骤(图 5-3)。① 固定:蛋白质在固化基质上固

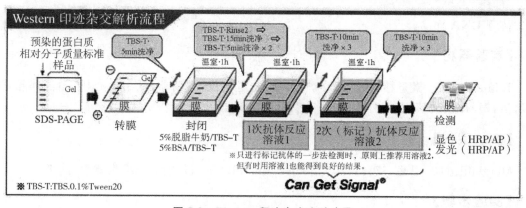

图 5-3　Western 印迹杂交实验步骤

定,即通过自然吸附力、电场力及其他外力作用,将蛋白质从凝胶上转移到膜上。② 封阻:用特异性、非反应活性分子封阻固定化基质膜上未吸附到蛋白质的区域。③ 杂交:即用特异的探针与固定膜上的目的蛋白质结合或杂交,这是一个多步过程,其中,至少有一步带有用于检测目的蛋白的报告基团或标记物。④ 鉴定:通过适当的方法使报告基团或标记物显现。

蛋白质印迹有几种方法:点印迹、扩散印迹、溶剂流印迹以及电泳印迹。其中,以电泳印迹最常用。电泳印迹主要有垂直的槽式和水平的半干式。所用的固定化基质有三种:硝酸纤维素膜(NC)、尼龙膜和聚亚乙烯双氧化物膜(PVDF)。硝酸纤维素膜在碱性环境中带负电,其吸附能力较强,使用简便、经济,尼龙膜结合能力强,有很高的灵敏性,但背景较高。PVDF膜比较灵敏,除用于一般的免疫印迹外,还可进行蛋白质测序。常用于检测的报告基团和标记物是各种偶联酶,如辣根过氧化物酶(HRP)、碱性磷酸酶(AP)等,通过与底物发生显色反应或发光反应进行检测。该技术可用于检测电泳分离的特异性目的基因表达的蛋白成分,也广泛应用于检测蛋白水平的表达。

【实验材料】

经诱导表达后的工程菌培养液。

【实验器材】

垂直电泳槽,Western 转移装置,杂交炉,电泳仪,振荡器,恒温烤箱,恒温水浴,塑料盒,玻璃板,紫外检测仪,杂交管,滤纸,镊子。

【实验试剂】

1. SDS-PAGE 电泳试剂。
2. 转移电泳缓冲液:25mmol/L Tris,192mmol/L 甘氨酸,20% 甲醇,0.1% SDS。
3. PBS:140mmol/L NaCl,2.7mmol/L KCl,10mmol/L Na_2HPO_4,1.8mmol/L K_2HPO_4。
4. 膜染色液:考马斯亮蓝 0.2g,甲醇 80ml,乙酸 2ml,ddH_2O 118ml。
5. 包被液(5%脱脂奶粉,现配):脱脂奶粉 1.0g 溶于 20ml 的 0.01mol/L PBS 中。
6. 稀释液:20mmol/L pH7.4 的磷酸缓冲液(PBS)。
7. 洗涤液:含 0.5% 的 Tween-20 的 pH7.4 PBS (PBST)。
8. 封闭液:含 1% BSA 的 0.02mol/L pH7.4 PBS。
9. 显色液:DAB 试剂盒。

【实验步骤】

一、蛋白样本提取制备

1. 蛋白质样品的制备:细菌诱导表达后,可通过电泳上样缓冲液直接裂解细胞,真核细胞加匀浆缓冲液,机械或超声波室温匀浆 0.5～1min,然后 4℃ 12000r/min 离心 15min,取上清液。
2. 制备用于 Western 印迹杂交分析的 SDS-PAGE 凝胶。其中,分离胶浓度为 10%,浓缩胶浓度 5%。

3. 电泳结束后,去除浓缩胶,用转移缓冲液漂洗或平衡分离凝胶 10～15min。

二、凝胶转移

1. 电泳结束后将胶条割至合适大小,用转移缓冲液平衡 5min,重复 3 次。

2. 准备转移膜:剪切一张与凝胶大小相同的 PVDF 膜和滤纸,先以甲醇浸湿 1～3min,然后用重蒸水漂洗 1～2min,最后以转移缓冲液平衡 PVDF 膜 10～15min。

3. 电转移夹层的组装:依次将下面的物品平铺在转移装置上:单层海绵、一张如凝胶大小的滤纸、SDS-PAGE 凝胶、PVDF 膜、滤纸、单层海绵;去除气泡接通电源,恒流 $1mA/cm^2$ 转移 1.5h。

4. 转移结束后,断开电源将膜取出,割取待测膜条做免疫印迹。将有蛋白标准的条带染色,放入膜染色液中 50s 后,在 50%甲醇中多次脱色,至背景清晰,然后用双蒸水洗,风干夹于两层滤纸中保存,留于显色结果作对比。

三、Western 印迹杂交

1. 用 0.01mol/L PBS 洗膜 5min,重复 3 次。加入包被液,平稳摇动,室温 2h。

2. 弃包被液,用 0.01mol/L PBS 洗膜 5min,重复 3 次。

3. 加入一抗(按合适稀释比例用 0.01mol/L PBS 稀释),4℃放置 12h。阴性对照,以 1% BSA 取代一抗,其余步骤与实验组相同。

4. 弃一抗和 1% BSA,用 0.01mol/L PBS 分别洗膜 5min,重复 4 次。

5. 加入辣根过氧化物偶联的二抗,平稳摇动,室温 2h。

6. 弃二抗,用 0.01mol/L PBS 洗膜 5min,重复 4 次。

7. 加入显色液,避光显色至条带出现,加入双蒸水终止反应。

【注意事项】

1. 一抗、二抗的稀释度、作用时间和温度对不同的蛋白要经过预实验确定最佳条件。

2. 显色液必须新鲜配制,最后加入双蒸水。

3. DAB 有致癌的潜在可能,操作时要小心仔细。

【思考题】

1. 封闭时除了用脱脂奶粉,还有用其他的什么方法?

2. 显色的方法有哪些? 根据什么来选择?

【参考文献】

[1]J. 萨姆布鲁克,D. W. 拉塞尔.分子克隆实验指导[M].第三版.黄培堂译.北京:科学出版社,2005.

[2]张洪渊.生物化学教程[M].第二版.成都:四川大学出版社,1994.

综合性实验篇

第6章

工程菌的构建、培养与目的
产物的分离纯化

用基因工程的方法使外源基因得到高效表达的菌类细胞株系称为工程菌。它是利用基因工程手段构建的转入外源目的基因的新型微生物菌种,具有多功能、高效和适应性强等特点。工程菌构建步骤包括目的基因的获得、表达载体的构建、转化、转化子表达筛选、传代稳定性分析、鉴定和种子库建立等内容。

通过工程菌的构建与培养使外源基因得到表达,获得有用的产物是基因工程的最主要目的之一。目前该技术主要应用于重组药物生产,其常规流程见图 6-1。该类药物在化学和生物学本质上属于人源或其他动植物和微生物来源的、具有高度生物学活性的蛋白质或多肽,它们在自然界的含量极微,传统的天然提取工艺常难以达到工业规模和质控要求,而基因工程则为此类活性物质的工业规模高效生产提供了手段。基因工程药物工艺研究包括工程菌构建与分析、发酵工艺(上游工艺)研究、分离纯化工艺(下游工艺)研究和制剂工艺研究等内容,质控研究则贯穿于工程菌构建和上、下游工艺研究的全过程,并以工程菌菌种库、半成品原液和成品为主要质控点。

图 6-1　基因工程制药最常见工艺流程

利用基因工程手段生产的最终目的是在一个合适的系统中,使外源基因高效表达,从而生产有重要价值的蛋白质产品。广义的基因工程包括外源基因的克隆、表达载体和表达系统的构建、表达生产(发酵)和分离纯化等过程。外源基因表达系统有原核表达系统和真核表达系统两大类。目前用于基因工程药物生产的原核表达系统主要是大肠杆菌系统,真核表达系统主要有毕赤酵母(*Pichia pastoris*)系统和哺乳动物细胞CHO系统。

大肠杆菌系统因具有操作简单、表达水平高、生产成本低等优点而在基因工程制药中具有不可替代的地位。根据表达产物使用目的的不同和操作方法的差异,目的基因在大肠杆菌内可以以不同形式进行表达。根据表达产物定位可分为胞内表达和分泌表达两种基本形式;根据表达产物多肽链的 N 端或 C 端有无其他氨基酸序列可分为融合表达和非融合蛋白等两种基本类型;另外,在胞内表达方式下,根据表达产物的可溶与否,还可分为包涵体方式表达和可溶方式表达。在大多数情况下,非融合蛋白和融合蛋白的胞内高效表达(非分泌表达)产物常以不溶的包涵体形式存在。

　　本章综合实验以表达链球菌噬菌体裂解酶 PlyC 基因的大肠杆菌表达系统为例,全面介绍和学习工程菌构建、表达筛选、甘油菌种制备、生长与表达分析、发酵工艺和表达产物分离纯化等基因工程药物研发与生产实践中最常用的技术与工艺过程,其中的各个实验单元已大多涵盖于 1～5 章,通过本章实验,应达到知识的融会贯通,从而较好地掌握的工程菌构建、表达、产物获得与分析的初步技能。实验基本流程见图 6-2。

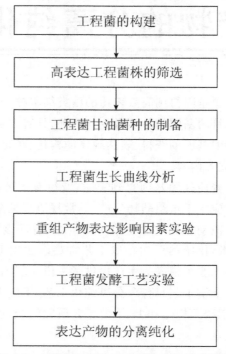

图 6-2　工程菌构建与表达综合实验基本流程

实验 6.1　工程菌的构建

【实验目的】

综合应用已学知识,学习与掌握表达载体和工程菌构建的一般方法。

【实验原理】

裂解酶是噬菌体在感染细菌后期表达的一类细胞壁水解酶。该酶通过水解细菌细胞壁肽聚糖上糖与肽间的酰胺键或肽内氨基酸残基间的连接键而使细菌裂解,从而释放出子代噬菌体,用于感染其他细菌。噬菌体裂解酶具有较高的特异性,仅攻击特定细菌,因此该酶不影响无害或有益的人体寄生菌,也不影响其他细胞,因而,裂解酶作为新型抗菌药物具有一定的优势,具有潜在应用价值。链球菌噬菌体裂解酶 PlyC 是迄今为止发现的最强力的裂解酶,它由两个组分(PlyCA 和 PlyCB)组成,特异性作用于可导致败血症、猩红热、肾小球肾炎和心内膜炎等临床疾病的 A 组 β-溶血性链球菌。裂解酶作为一种新型的抗菌物质,具有广阔的应用前景,但采用常规的方法制备不仅价格高、工序复杂,而且还存在安全方面的问题,不适宜大规模生产。为高效制备裂解酶,可利用基因重组技术,在基因工程菌中表达外源目的蛋白,这也是目前大量、经济地获得目的蛋白的主要方法。

本实验以大肠杆菌 BL21(DE3)为宿主细胞,将重组表达载体 pET－32a(＋)－PlyCA 和 pET－32a(＋)－PlyCB 转化后分别构建工程菌 pET－32a(＋)－PlyCA/BL21(DE3)和 pET－32a(＋)－PlyCB/BL21(DE3),从而可分别高效表达构成链球菌噬菌体裂解酶 PlyC 的两条肽链 PlyCA 和 PlyCB。

根据 GenBank 上登记的序列（PlyCA 之 GeneID：1489936；PlyCB 之 GeneID：1489934),两者的全基因序列如下：

PlyCA(长度为 1422bp)——

```
atgagtaaga agtatacaca acaacaatac gaaaaatatt tagcacaacc agcaaataac        60
acatttgggt tatcacctca acaggttgct gattggttta tgggtcaagc tggtgctagg       120
cctgttatta actcgtatgg ggtaaatgct agtaatttag tatcaacgta catacctaaa       180
atgcaggaat acggtgtatc atatacacta ttcttaatgt atactgtctt tgagggaggc       240
ggcgcaggta attggattaa tcattacatg tacgatacgg ggtctaatgg attagagtgt       300
ttggaacacg atttacaata catacatggc gtctgggaaa cttattttcc accagcttta       360
tctgcgccag aatgttaccc agctacggaa gataacgcag gtgctttaga tagattttat       420
caatcgctac caggccgaac atggggtgat gttatgatac ctagtacaat ggctggtaat       480
gcttgggtat gggcttataa ctattgtgtt aacaaccaag gggctgcccc attagtttac       540
tttggcaatc catacgatag tcaaattgat agcttgcttg caatgggagc tgacccgttt       600
acaggtggtt caattacagg tgatggaaaa atcctagtg ttggcactgg gaatgctacc       660
gtttctgcta gctcggaagc taacagagag aagttaaaga aagccctaac agatttattc       720
aacaacaacc tagaacatct atcaggtgaa ttctacggta accaagtgtt gaatgctatg       780
aaatacggca ctatcctgaa atgtgattta acagatgacg gacttaatgc cattcttcaa       840
ttaatagctg atgttaactt acagactaac cctaacccag acaaaccgac cgttcaatca       900
ccaggtcaaa acgatttagg gtcggggtct gatagagttg cagcaaactt agccaatgca       960
caggcgcaag tcggtaagta tattggtgac ggtcaatgtt atgcttgggt tggttggtgg      1020
tcagctaggg tatgtggtta ttctatttca tactcaacag gtgacccaat gctaccgtta      1080
attggtgatg gtatgaacgc tcattctatc catcttggtt gggattggtc aatcgcaaat      1140
actggtattg ttaactaccc agttggtact gttggacgca aggaagattt gagagtcggc      1200
gcgatatggt gcgctacagc attctctggc gctccgtttt atacaggaca atacggccat      1260
actggtatca ttgaaagctg gtcagatact accgttacag tcttagaaca aaacatttta      1320
gggtcaccag ttatacgcag cacctatgac cttaacacat cctatcaac actaactggt      1380
ttgataacat ttaaactcga gcaccaccac caccaccact ga                        1422
```

PlyCB(长度为 243bp)——

atgagcaaga ttaatgtaaa cgtagaaaat gtttctggtg tacaaggttt cctattccat　　　　60

accgatggaa aagaaagtta cggttatcgt gcttttatta acggagttga aattggtatt　　　120

aaagacattg aaaccgtaca aggatttcaa caaattatac cgtctatcaa tattagtaag　　　180

tctgatgtag aggctatcag aaaggctatg aaaaagctcg agcaccacca ccaccaccac　　　240

tga　　　243

本实验中目的基因的表达载体为 pET—32a(＋)原核表达载体,该载体的物理图谱见图 6-3。

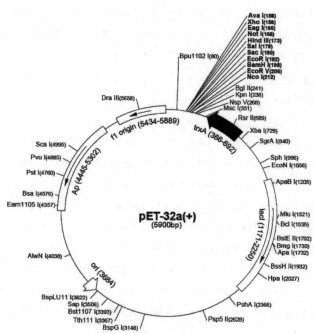

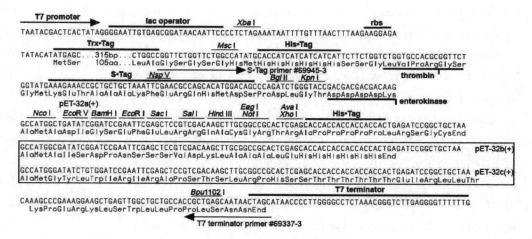

图 6-3　pET—32a(＋)表达载体物理图谱

根据以上链球菌噬菌体裂解酶 PlyC 的两条肽链 PlyCA 和 PlyCB 的基因序列以及所采用表达质粒 pET—32a(＋)的图谱,可用 Primer premier 5.0 等软件进行引物设计,在上游引物和下游引物上分别加入 *Nde* Ⅰ 和 *Xho* Ⅰ 酶切位点(下划线表示)。2 对引物如下:

PlyCA 上游引物：GGAATTCCATATGAGTAAGAAGTATACACAACAAC；
PlyCA 下游引物：CCGCTCGAGTCATTTAAATGTTATCAAACCAGTTAGT；
PlyCB 上游引物：GGAATTCCATATGATGAGCAAGATTAATGTAAACGTAG；
PlyCB 下游引物：CCGCTCGAGTCACTTTTTCATAGCCTTTCTGATAGCC。

分别以含有 PlyCA、PlyCB 基因的质粒或相应噬菌体样品为模板，用 PCR 方法分别扩增出链球菌噬菌体裂解酶基因 PlyC 的两条肽链 PlyCA 和 PlyCB，经纯化、酶切、与 pET－32a（＋）质粒连接反应后分别得到重组质粒 pET－32a（＋）－PlyCA 和 pET－32a（＋）－PlyCB，再经常规感受态细胞制备及转化反应，即获得重组的工程菌 BL21(DE3)/pET－32a（＋）－PlyCA 和 BL21(DE3)/pET－32a（＋）－PlyCB。

【实验材料】

1. 大肠杆菌 BL21(DE3)，质粒 pET－32a（＋）。
2. 含有 PlyCA、PlyCB 基因的质粒或噬菌体样品。

【实验器材】

PCR 仪，微量移液枪，平皿，10～15ml 带螺口或带塞试管，恒温摇床，4℃ 冰箱，离心机，1.5ml 离心管，电炉，电泳仪，水平电泳装置，台式脱色摇床，凝胶成像系统等。

【实验试剂】

1. LB 培养基：胰蛋白胨 10g、酵母提取物 5g、NaCl 10g，定容至 1L，用 5mol/L NaOH 调 pH 值至 7.0，0.1MPa(1.05kg/cm²) 高压蒸汽灭菌 20min。
2. 氨苄青霉素（Amp）：储存液浓度 50mg/ml，用水溶，保存于 －20℃。工作浓度：50μg/ml。
3. 琼脂糖，琼脂粉，$CaCl_2$，以及各类与 PCR 反应、核酸电泳、感受态细胞制备等相关试剂。
4. 限制性内切酶 *Nde* I 和 *Xho* I，T4 DNA 连接酶，DNA 纯化试剂盒，引物等。

【实验步骤】

1. 以实验室保存含有 PlyCA、PlyCB 基因的质粒为模板，采用自行设计引物进行 PCR 实验，获得扩增产物。
2. 用 *Nde* I 和 *Xho* I 酶切扩增产物；同时酶切储存的空质粒载体 pET－32a（＋）。
3. 酶切好的 DNA 片段用低熔点胶或 DNA 纯化试剂盒回收待用。
4. 取 0.2μg 酶切后的 pET－32a（＋）载体，加 0.2μg 基因片段，用 T4 DNA 连接酶连接。
5. 取连接产物转化感受态大肠杆菌 BL21(DE3)，涂布于加 Amp 的 LB 固体培养基上，37℃ 培养过夜。
6. 用接种环取若干克隆于 3ml 加 Amp 的 LB 液体培养基的 15ml 试管中，37℃ 恒温摇床，200r/min 培养 4h。

7. 抽提质粒,酶切及 PCR 鉴定重组质粒,经琼脂糖凝胶电泳后,凝胶成像系统显示图像如图 6-4 所示。

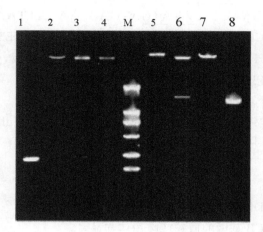

图 6-4　重组质粒 pET－32a(＋)－PlyCA 和 pET－32a(＋)－PlyCB 的鉴定

M－DNA 相对分子质量标准;1－PlyCB PCR 产物;2,7－用 *Xho* Ⅰ 酶切 pET－32a(＋);3－用 *Xho* Ⅰ 和 *Nde* Ⅰ 酶切 pET－32a(＋)－PlyCB;4－用 *Xho* Ⅰ 酶切 pET－32a(＋)－PlyCB;5－用 *Xho* Ⅰ 酶切 pET－32a(＋)－PlyCA;6－用 *Xho* Ⅰ 和 *Nde* Ⅰ 酶切 pET－32a(＋)－PlyCA 产物;8－PlyCA PCR 产物

8. 挑取阳性克隆再涂布于平板中,37℃恒温培养过夜,保存。

【思考题】

1. 进行引物设计时应注意哪些问题?
2. 请图示本实验主要流程并将关键因素标示于图上。
3. 若实验中没有发现阳性克隆,请分析可能的原因。

实验 6.2　高表达工程菌株的筛选与保藏

【实验目的】

学习与掌握大肠杆菌表达系统高表达工程菌株的筛选方法;将高表达的工程菌制备成可中、长期保藏的菌种,掌握工程菌甘油菌种的制备方法。

【实验原理】

含目的基因的表达载体转化宿主细胞后,会得到很多含有重组子的克隆,但这些含有重组子的不同克隆表达目的蛋白的能力是不同的。首先诱导不同克隆进行目的基因表达,然后利用 SDS-PAGE 对菌体总蛋白进行分离,再通过凝胶扫描分析各克隆的目的产物表达水平差异,即可筛选到高表达菌株。

菌种保存是工程菌研究和生产应用的基础,为了避免长期传代可能引起的菌种变异,应建立适合长期保藏的工程菌菌种并进行保藏。菌种保藏的方法主要有固体斜面法、甘油冻存法、冷冻干燥法。本实验采用甘油菌种结合低温(−70℃)保存的方法,即用无菌甘油悬浮工程菌,并使甘油终浓度为20%(V/V),所获物即为工程菌的甘油菌种。低温可使工程菌的生命活动处于非活跃状态而能较长时间保存细胞活力,减少基因变异;而20%的甘油可保护菌种的细胞膜系统在冷冻与解冻循环中不被破坏。

【实验材料】

BL21(DE3)/pET−32a(+)−PlyCA 和 BL21(DE3)/pET−32a(+)−PlyCB 转化平板。

【实验试剂】

1. LB 培养基、琼脂粉、氨苄青霉素等同上个实验。

2. 2×SDS 上样缓冲液:1.25ml 0.5mmol/L Tris-HCl (pH6.8),0.5ml β-巯基乙醇(或200mmol/L 二硫苏糖醇),2.0ml 10% SDS,2.5ml 甘油,0.2ml 0.5% (m/V) 溴酚蓝,3.55ml ddH$_2$O。

3. 10% APS(过硫酸铵):0.1g AP 加 ddH$_2$O 至 1ml,使用时需临时配制,TEMED 和 DTT 存放在 4℃冰箱。

4. 10×电泳缓冲液:Tris 6g,glycine 28.8g、SDS 10g,pH 调至 8.3,定容至 1L,4℃保存,使用时稀释至 1×。

5. 30%胶母液(Acr-Bis):29g 丙烯酰胺 (Acr)、1g 亚甲基双丙烯酰胺 (Bis),混合后用ddH$_2$O 定容至 100ml,置棕色瓶中 4℃保存。

6. 分离胶缓冲液(pH8.8):1.5mmol/L Tris-HCl。18.17g Tris 加 ddH$_2$O 溶解,浓盐酸调 pH 至 8.8,定容至 100ml,4℃保存。

7. 浓缩胶缓冲液(pH6.8):0.5mmol/L Tris-HCl。6g Tris 加 ddH$_2$O 溶解,浓盐酸调pH 至 6.8,定容至 100ml,4℃保存。

8. 10% SDS:10g SDS 加 ddH$_2$O 溶解,浓盐酸调 pH 至 7.2,定容至 100ml。

9. 0.25%考马斯亮蓝染色液:1.25g 考马斯亮蓝 R−250、200ml 95%乙醇、50ml 冰醋酸,混合溶解后加 ddH$_2$O 约 250ml,定容至 500ml。

10. 脱色液:95%乙醇、冰醋酸、ddH$_2$O 以 4∶1∶5 (V/V/V) 配制而成。

11. 10%(V/V)甘油。

12. 蛋白质低相对分子质量标准:条带分别为 85000、51000、31000、25000、15000、8000、2000。

13. 100mmol/L IPTG:将 238.3mg IPTG 溶于 10ml ddH$_2$O 中,膜过滤除菌,分装后−20℃保存。

14. 40%甘油(灭菌)。

【实验仪器】

无菌竹签,微量移液枪,平皿,10～15ml 带螺口或带塞试管,恒温摇床,4℃冰箱,离心机,1.5ml 离心管,电炉,电泳仪,垂直电泳装置,台式脱色摇床,凝胶成像系统等。

【实验步骤】

一、目的蛋白的诱导表达

1. 菌种活化和平板划线接种

在无菌操作条件下,用无菌竹签随机挑取中等大小菌落的克隆,先在含有 $50\mu g/ml$ Amp 的 LB 平板上轻轻划线接种,线长约为 1cm,随后用带有残余菌体的牙签接种含有 5ml LB 培养基(含 $50\mu g/ml$ Amp)的带盖螺口试管,如此类推。

每人接种 1 株,共接种 8 个转化子单克隆,每个小组共用一个平板;及时、准确做好划线平板与试管的对应编号。平板和试管分别置于 37℃培养箱和摇床培养过夜。

2. 把培养过夜的划线平板保存于 4℃冰箱。

3. 取以上步骤所得试管的菌液(50μl)按 1:100 的接种比例分别接种到 8 支含有 5ml LB 培养基(含 $50\mu g/ml$ Amp)的试管中,37℃培养 2.5h,加入 IPTG 继续诱导培养 4h。每个小组设一非诱导对照,即以该组编号排首位的过夜活化菌种接种一支试管,标记为 CK1,37℃培养 2.5h 后收集菌液。

4. 样品收集

表达诱导至 4h 后,将试管收集,置于 4℃保存备用。

二、高效表达工程菌的筛选

1. 样品组成

每小组共用一块胶,每胶 10 孔,1 号孔为非诱导菌体蛋白(对照 CK1),2~9 号孔为自小至大编号的菌株诱导菌体蛋白,10 号孔为蛋白质相对分子质量标准。

2. 菌体样品处理

取培养物 100μl 于 1.5ml 离心管,5000r/min 离心 5min,弃上清,菌体加入 40μl 上样缓冲液,100℃水浴 3min,待冷却后 10000r/min 离心 10min,小心吸取上清,转入另一标记好的 1.5ml 离心管,室温保存备用(如长期放置,则置于 4℃保存,电泳前再煮沸 2min)。

3. SDS-PAGE

按照第 2 章所述详细方法进行。

胶浓度:检测 PlyCA 蛋白表达量的分离胶浓度 12%,浓缩胶浓度 5%;检测 PlyCB 蛋白表达量分离胶浓度 15%,浓缩胶浓度 5%。

上样量:15μl。

4. 电泳完毕后,胶块经染色、脱色处理后至凝胶成像仪扫描分析,选择目的蛋白表达量相对较高的菌株完成后续实验。表达产物 PlyCA 的相对分子质量约为 50000,PlyCB 的相对分子质量约为 8000。

三、工程菌甘油菌种的制备

1. 将确定高效表达的转化子所对应的菌株,接种于一支含 Amp 的 5ml LB 液体培养基的试管中。

2. 37℃振荡培养过夜(10~15h)。

3. 按 1:1(V/V)的比例加入无菌的 40%甘油,混匀后分装至事先灭菌的菌种保存管

（1ml/管），－70℃保存。

【注意事项】

1. 转化后的大肠杆菌必须在含有适当抗生素的 LB 平板上进行培养，接种到试管中的菌落必须是单菌落，并且要同时进行划线培养。

2. 进行划线培养时各条线之间不能太密集，防止交叉污染。

3. 样品加上上样缓冲液煮沸后，一定要进行离心，以除去颗粒物质。

4. 电泳上样时要小心，不要污染旁边的泳道。

5. 过夜培养所得菌体按 1∶100 接入新的培养基中后，37℃培养 2.5h 一般能达到 $OD_{600}＝0.6$，此时即为对数中期。但是各菌株间生长速度常有较大差异，所以菌体密度常不相同，但以相同时间和条件培养、诱导能基本反映菌株生长速度和表达水平差异，因此，各试管（菌株）之间的培养时间一定要相同。

6. 电泳中出现不规则的蛋白迁移带是因为电泳不稳定，其他原因还包括样品加量太多、样品中的盐浓度太高、边缘效应。如果在凝胶边缘电泳条带出现"微笑"状的样品（运动速度减慢），可能是因为凝胶的中间比两侧更热，应降低电流。

【思考题】

1. 单克隆接种到试管中培养时，为什么同时进行划线培养？

2. SDS-PAGE 中蛋白质样品上样前，加入上样缓冲液的目的是什么？为什么还要在 100℃沸水中加热 3～5min？

3. 为何无菌甘油要配成 40％的浓度后使用，而非直接用 100％甘油原液灭菌后使用？

实验 6.3　工程菌生长曲线分析

【实验目的】

学习用比浊法测定工程菌的生长曲线并了解其特点，掌握工程菌生长曲线的绘制方法及测定原理，理解生长曲线在研究和生产中的应用。

【实验原理】

将工程菌按一定比例接种到一定体积的、适合的新鲜培养基中，在适宜的条件下进行培养，定时测定培养液中的菌体量，以菌体量的对数作纵坐标，生长时间作横坐标，绘制的曲线叫生长曲线。它反映了单细胞微生物在一定环境条件下于液体培养时所表现出的群体生长规律。依据其生长速率的不同，一般可把生长曲线分为延缓期、对数期、稳定期和衰亡期。这四个时期的长短因菌种的遗传性、接种量和培养条件的不同而有所改变。因此通过测定微生物的生长曲线，可了解各菌的生长规律，对于科研和生产都具有重要的指导意义。

测定微生物的数量有多种不同的方法,可根据要求和实验室条件选用。本实验采用比浊法测定,由于细菌悬液的浓度与光密度(OD值)成正比,因此可利用分光光度计测定菌悬液的光密度来推知菌液的浓度,并将所测的OD值与其对应的培养时间作图,即可绘出该菌在一定条件下的生长曲线,此法快捷、简便。

基因工程菌带有外源基因,这些基因可能不稳定。丢失外源基因的菌往往比未丢失的菌生长快得多,这样就会大大降低产物的表达。为了抑制基因丢失菌的生长,一般在培养中加入选择压力,如抗生素。基因工程菌的培养一般分两段。前期是菌体生长,生长到某一阶段,加入诱导因子,诱导产物表达。本实验可通过在工程菌培养过程中加或不加诱导剂以及不同时间加入诱导剂后生长曲线的变化了解基因工程菌生长曲线的特点,进而有利于对工程菌表达的条件研究。

【实验材料】

E. coli BL21(DE3)/pET−32a(+)−PlyCA 或 E. coli BL21(DE3)/pET−32a(+)−PlyCB 工程菌。

【实验器材】

可见光分光光度计(配1cm光程的比色杯),恒温摇床,超净工作台,移液枪,1.5ml离心管,玻璃试管,500ml三角瓶,擦镜纸等。

【实验试剂】

1. 含Amp的LB液体培养基。
2. 100mmol/L IPTG,去离子水等。

【实验步骤】

实验流程为:种子液→接种→培养→测定→绘制生长曲线→选择添加诱导剂时间和诱导剂添加量。

1. 种子液制备

取工程菌的甘油菌种1管,按1‰的接种量在超净工作台取50μl,接入含Amp的5ml LB中,然后倾斜地置于摇床中,37℃、200r/min摇床培养过夜。

2. 接种培养并取样

按1‰的接种量,在超净工作台将过夜培养的0.5ml工程菌种子液接入含Amp的50ml LB中,摇匀后取出3ml置于分光光度计比色杯中,用于测0h的OD值。

将摇瓶放在摇床中,37℃、200r/min振摇培养。此时开始计时,然后每培养1h将三角瓶取出置于超净工作台中,取样,测定其OD值,共测定8h。其中,前3h每次取样3ml,之后每次取样1ml。

3. 生物量测定

开启可见光分光光度计电源,调节波长至600nm,将光标移至T处,打开样品室的盖子,预热30min。取3ml未接种的含Amp LB培养基装入1cm光程的比色杯中,置于样品室中第一个样品槽中,使可见光射入此比色杯中,作为空白对照,仪器将自动调零。将待测样品加入比色杯中(前 3 个样品由于 OD 值低可直接加入,后续的样品由于 OD 值高需用 2ml LB 稀释后再加入),盖上盖子,将光标调至 A 处,空白样品的 OD 值自动调整为 0。拉动拉杆,依次对样品读数,并记录。

4. 生长曲线绘制

将测定的 OD 值填入下表:

表 6-1　不同培养时间菌体光密度数值记录表

时间	0h	1h	2h	3h	4h	5h	6h	7h	8h
OD									

以上述表格中的时间为横坐标,OD_{600} 值为纵坐标,绘制工程菌的生长曲线。

5. 通过以上曲线分析得出对数生长期中期所对应时间。重复接种培养步骤,至该时间向培养液加入 IPTG 至终浓度 1mmol/L,37℃、200r/min 继续振摇培养,然后每培养 1h 取样测 OD,将测定的 OD 值填入记录表,并在培养完成后绘制表达条件下工程菌的生长曲线。比较两条生长曲线的异同并分析原因。

【注意事项】

1. 用可见光分光光度计测量菌液 OD_{600} 值时,该值在 0.30~0.80 时,OD_{600} 与菌液浓度成正比,超过此范围,就不成正比了。对浓度大的菌悬液用未接种的 LB 液体培养基适当稀释后测定,经稀释后测得的 OD 值要乘以稀释倍数,才是培养液实际的 OD 值。

2. 在本实验中,通过从同一培养物中每隔 1h 取相同量的样来测其 OD_{600},从而绘制生长曲线。也可用相同的菌种,同时培养若干瓶菌液,每 1h 取出 1 瓶停止培养来测其 OD_{600} 值,通过此方法可以避免取样对微生物生长培养造成的影响。

3. 本实验还可研究不同 IPTG 加量以及诱导时机下工程菌生长曲线的变化。

【思考题】

1. 用本实验方法测定微生物生长曲线,有何优点?

2. 若同时用平板计数法测定,所绘出的生长曲线与用比浊法测定绘出的生长曲线有何差异? 为什么?

实验 6.4　重组产物表达影响因素实验

【实验目的】

了解和掌握各种因素对工程菌表达的影响,如诱导时间、诱导时机、诱导剂加量等;进一步理解工程菌生长和表达的矛盾关系,通过实验确定工程菌最佳的诱导时机等条件。

【实验原理】

基因工程菌的培养一般分两段。前期是菌体生长，生长到某一阶段，加入诱导因子，诱发产物表达。加入诱导因子的时间被称为诱导时机。本实验所采用的工程菌为 $E.\ coli$ BL21(DE3)/pET－32a(＋)－PlyCA 或 $E.\ coli$ BL21(DE3)/pET－32a(＋)－PlyCB，所含表达载体 pET－32a(＋)含有 Lac 启动子，是大肠杆菌乳糖操纵子的启动子，受阻遏蛋白 i 基因的产物——I 蛋白负调控。当半乳糖或半乳糖的类似物不存在时，细菌可以正常生长繁殖；当半乳糖或半乳糖的类似物加入培养基时，该阻遏蛋白与之结合，结构发生改变，导致对 PLac 启动子的阻遏作用消失，外源基因开始转录而表达。一般通过加入半乳糖的类似物 IPTG(异丙基硫代半乳糖苷)来诱导目的蛋白的表达。

加入 IPTG 以诱导目的蛋白在基因工程菌中表达的时间称为诱导时机。一般选择其对数生长期作为菌体的诱导时机。如果在对数生长早期进行诱导，由于菌体量较少，蛋白的表达量不高。在对数生长中期进行诱导，工程菌的生长速度比较快，这时蛋白的积累加快，蛋白表达水平较高。而菌体进入对数期后期，由于发酵液中营养的消耗、氧气的缺乏及代谢产物的积累，使菌体的生长速度明显受到抑制。在此状态下诱导，表达显然受到影响。此外，基因工程菌中目的基因的表达还受多种因素的影响，如培养基的起始 pH 值、基质浓度、诱导剂加量、诱导时间等。本实验建议重点考察诱导剂加量或诱导时间两个因素对目的基因表达量的影响。

【实验材料】

$E.\ coli$ BL21(DE3)/pET－32a(＋)－PlyCA 和 $E.\ coli$ BL21(DE3)/pET－32a(＋)－PlyCB 工程菌。

【实验器材】

恒温摇床，超净工作台，移液枪，台式高速离心机，离心管，玻璃试管，100ml三角瓶，SDS-PAGE 电泳设备。

【实验试剂】

1. 含 Amp 的 LB 液体培养基。
2. 100mmol/L IPTG，去离子水，SDS-PAGE 电泳检测所用各种试剂等。

【实验步骤】

1. 菌种活化

取工程菌的甘油菌种 1 管，按 1% 的接种量分别接入 3 管含 Amp 的 5ml LB 液体培养基中，然后倾斜地置于摇床中，37℃、200r/min 摇床培养过夜。

2. 种子液培养

取活化菌种 1ml 接种于含 100ml 含 Amp 的 LB 培养基的摇瓶(1%接种量)，37℃培养过夜。

3. 接种培养与诱导表达

按 5%(V/V)接种量将菌种过夜培养物接种于装 50ml 或 100ml 含 Amp 的 LB 培养基的摇瓶,按实验设计数量计算接种瓶数,37℃培养至对数中期(约需 2.5h, OD_{600} 约为 0.6),以设计浓度加入 IPTG 进行诱导表达(建议 IPTG 加量为终浓度 0.1~1.0mmol/L),每隔 1h或 2h 在超净工作台中取出 3ml,其中 2ml 测其生物量,1ml 做好标记,置于 -20℃冻存。重复此过程至诱导表达结束。

4. SDS-PAGE 检测不同诱导时间的表达量

将 -20℃冻存的菌体解冻后,取出 100μl,10000r/min 离心 3min,弃掉上清,用 40μl 2×上样缓冲液悬浮起来,进行 SDS-PAGE 电泳,检测目的基因在不同诱导时间的表达情况。结果可参考图 6-5。

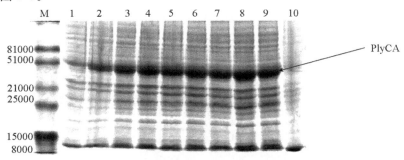

图 6-5　不同诱导时间对 PlyCA 表达量的影响

M -蛋白质相对分子质量标准;1~9-不同诱导时间的菌液目的蛋白(PlyCA);10-CK

5. 参考以上步骤,可分别考察不同接种量、培养温度、诱导时间、诱导剂加量、摇瓶装液量等因素对目的蛋白表达量的影响。

【思考题】

1. 根据结果中的 OD 值和 SDS-PAGE 电泳的结果,分析工程菌生长和表达的关系。

实验 6.5　工程菌发酵工艺实验

【实验目的】

了解和掌握基因工程蛋白药物发酵的一般工艺与发酵过程的参数控制。

【实验原理】

基因工程表达产物要实现产业化必须通过发酵工程这一手段。发酵是利用微生物在有氧或无氧条件下的生命活动来制备其菌体或代谢产物的过程,其本质是一种生化反应,与温度、pH、溶解氧、基质浓度等因素密切相关。对于应用基因工程技术改造的工程菌,在发酵表达时,还要考虑诱导条件,如诱导起始菌浓度、诱导物浓度、诱导时间等对目的基因表达的影响。

本实验在前期采用摇瓶实验对培养基的起始 pH 值、基质浓度、诱导起始菌浓、诱导时间等影响目的蛋白的因素进行研究的基础上,首先对优化条件进行验证,再利用全自动发酵罐进行工程菌罐发酵的工艺和过程控制,同时对生物量和目标蛋白表达进程进行分析。

【实验材料】

E. coli BL21(DE3)/pET－32a(＋)－PlyCA 或 *E. coli* BL21(DE3)/pET－32a(＋)－PlyCB 工程菌甘油菌种。

【实验器材】

超净台,天平,离心机,温控摇床,发酵罐及附属设备(图 6-6),分光光度计,垂直电泳装置,培养皿,接种针,玻璃棒,滴头吸管,1.5ml、50ml、500ml 离心管,10ml 带盖螺口试管,500ml 摇瓶等。

图 6-6　美国 NBS BioFlo 415 型原位灭菌发酵罐

【实验试剂】

蛋白胨,酵母抽提物,NaCl,IPTG,Amp 等。

【实验步骤】

1. 菌种活化

取低温保存的工程菌甘油菌种,按 1％(V/V)接种量接种至 5ml 含 Amp LB 培养基,37℃培养 12h。

2. 种子液制备

(1)取活化菌种 1ml 接种于含 100ml LB 培养基(含 Amp)的摇瓶(1％接种量),37℃培养过夜。

(2)按 10％(V/V)接种量将菌种过夜培养物接种于含 100ml LB 培养基(含 Amp)的摇瓶,共接种 5 瓶(500ml),37℃培养至对数中期(约需 2.5h,OD_{600} 约为 0.6),作为种子液。

3. 发酵培养基配制与原位灭菌(提前一天)

配制 3L LB 培养基,转入 5L 发酵罐,按 121℃、30min 条件高压蒸汽灭菌,冷却至室温后加入 Amp,接种。

4. 发酵参数设定

采用大肠杆菌表达系统常规发酵参数进行发酵,发酵参数设定为:37℃培养 3h,根据摇瓶发酵实验优化数据加入适量 IPTG 诱导表达 5h,溶氧设定为 30% 以上,搅拌转速为 300～850r/min,通风量为 $0.5～3.0(V/V)/min$。

5. 接种

按无菌操作将培养好的 500ml 种子液接入发酵罐中。

6. 发酵进程分析

发酵过程不同时段进行取样,每隔 1h 测定吸光度值,同时制备 8～9 个平行样品供发酵进程分析用(SDS-PAGE),注意做好标记。每次取样约 3ml,测光密度用 2ml,1ml 用于测定目标蛋白含量。

光密度测定方法:波长为 600nm 时测定细菌的吸光度值。

SDS-PAGE+凝胶扫描分析表达水平。

【思考题】

1. 影响外源基因在宿主菌中表达的因素主要有哪些?
2. 若 SDS-PAGE 结果表明产物表达量较低,请分析可能的原因。

实验 6.6　表达产物的分离纯化

【实验目的】

熟悉大肠杆菌系统包涵体形式表达产物分离纯化工艺流程及包涵体蛋白变性与复性的原理、条件与操作步骤。

【实验原理】

一、表达产物分离纯化工艺流程

建立高效和质量可控的目的产物分离纯化工艺是基因工程制药的最主要技术瓶颈之一。大肠杆菌系统表达产物分离纯化的主要任务是高效获取高比活性的表达产物,去除宿主蛋白质、核酸、内毒素等主要杂质类型。当外源基因胞内高效表达时,由于宿主细胞内的微环境不利于表达产物的折叠,表达产物正确折叠的速度跟不上产物形成的速度,而使得表达产物主要以不溶的、无序折叠的包涵体形式存在,因此,还必须建立高效的包涵体蛋白变性与复性工艺,且这一工艺过程又是分离纯化工艺的主要技术屏障。

基于包涵体表达形式的表达产物分离纯化工艺流程为:

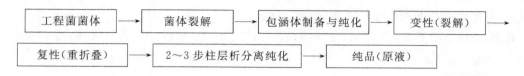

二、包涵体蛋白的变性与复性

1. 包涵体制备与纯化

工业上可采用超声波法或高压匀浆法破碎大肠杆菌工程菌。由于包涵体是水不溶性颗粒,其密度高于所有细胞器,所以可采用差速离心法从工程菌细胞裂解物中制备包涵体。

包涵体是由表达产物、膜脂蛋白、DNA、RNA、脂类和多糖等众多大分子物质组成的复杂混合物。对水不溶的包涵体进行适当的洗涤可去除包涵体表面的各种杂质,对表达产物进行初步纯化。一般常采用表面活性剂(如 Triton X100)或/和低浓度尿素等去除难以处理的膜脂蛋白类杂质,以适当提高包涵体蛋白中目的产物的含量,便于进一步分离纯化。

2. 包涵体蛋白的溶解(裂解、变性)

利用高浓度的变性剂如 8mol/L 尿素溶液或 7mol/L 盐酸胍溶液破坏包涵体蛋白质中的氢键,以还原性巯基试剂,如 DTT、β-ME 破坏分子间和分子内的二硫键,使蛋白质的多肽链处于完全的自由伸展状态。

3. 蛋白质复性

采用适当的方法去除变性剂,使表达产物由自由伸展状态转变为正确折叠状态,以恢复蛋白质天然构象和活性的过程称为复性。在理论上,蛋白质的空间结构信息已包含于多肽链的一级结构中,因此,在体外只要给予适当条件,任何处于自由伸展状态的多肽链都有形成正确折叠的可能。

蛋白质折叠的具体步骤可用下式描述:

即伸展态 U 经过早期变化成为中间体 I,然后由中间体过渡到最后的天然态 N。但是从中间体折叠为天然态的同时,另有一条旁路,即中间体相互聚集为凝聚物 A(包涵体)。在折叠反应中,从伸展态到中间体的形成是非常快速的,一般在毫秒范围内完成,但从中间体转变为天然态的过程比较缓慢,是反应的限速步骤。当溶液中离子强度或变性剂浓度很低,又无其他辅助手段存在时,聚集趋势占主导地位,导致蛋白质的自发复性效率极低。因此,在蛋白质复性的时候,主要是促进中间体向天然态的转变。一般认为,蛋白质在复性过程中,涉及两种疏水相互作用:一是分子内的疏水相互作用;二是部分折叠的肽链分子间的疏水相互作用。前者促使蛋白质正确折叠,后者导致蛋白质聚集而无活性,两者互相竞争,影响蛋白质复性收率。因此,在复性过程中,抑制肽链间的疏水相互作用以防止聚集,是提高复性收率的关键。在实际操作中,采用较低的蛋白浓度、缓慢降低变性剂浓度、以化学或物理方法减少分子间的碰撞机会是减少分子间聚沉的常用方法,而稀释复性和柱层析复性则是工业上最常用的复性工艺。

对于含二硫键的蛋白质而言,二硫键的形成在多肽链的重折叠(蛋白质复性)中起决定性作用,二硫键的形成速度和半胱氨酸残基间配对的正确性决定了复性的速度和复性产物空间结构的正确性。包涵体蛋白变性后,所有半胱氨酸的巯基(－SH)处于还原状态,在蛋白的复性过程中,组成二硫键的二个半胱氨酸残基间的巯基氧化形成共价的二硫键。当天然的蛋白质或多肽存在多对二硫键时,变性蛋白折叠过程中二硫键的形成位点至关重要。在理论上,二硫键的形成信息由蛋白质的一级结构信息决定,因此只要复性条件恰当,蛋白质复性过程中分子内或分子间能形成正确的二硫键。为了促进巯基的氧化和二硫键的形成,一般在复性体系中采用还原型谷胱甘肽(－SH)-氧化型谷胱甘肽(S－S)或半胱氨酸(－SH)-胱氨酸(S－S)组成的氧化还原体系。

三、表达产物分离纯化

目的产物的分离纯化策略多种多样,复性与分离纯化可分开操作或结合在一起进行,可先复性再分离纯化、先纯化变性蛋白再复性或复性与纯化同时进行。

1. 先复性再纯化

包涵体形式表达的产物经复性后再采用各种色谱柱技术进行进一步的分离纯化。疏水层析、离子交换层析和分子筛层析是最常用的制备型色谱技术,一般采用 2～3 步柱层析即可获得纯度超过 95% 的表达产物,且在此过程可有效去除宿主核酸、内毒素和非正确折叠的异构体。如果采用的是融合表达方式,则利用 Tag 的抗体或受体设计亲和层析也是实验室常用纯化方法,但此类方法由于存在成本高、亲和介质寿命短和配基污染等问题,不太适合工业化生产。

2. 先纯化变性蛋白再复性

即在高浓度变性剂存在的条件下,先通过各种色谱柱层析技术获得纯的变性蛋白,然后以纯的变性蛋白进行稀释复性,再以柱层析去除非正确折叠的产物。

3. 复性与纯化同时进行

以各种柱层析方法复性,并在复性过程中进行纯化。

【实验材料】

高效表达 PlyCA 蛋白的工程菌发酵液,含有包涵体形式表达的产物。

【实验器材】

大容量冷冻离心机,天平,磁力搅拌器,超声波破碎仪,500ml 烧杯,玻璃棒,滴头吸管,1.5ml、50ml 离心管等。

【实验试剂】

1. Tris-HCl,EDTA,尿素,Triton X-100,二硫苏糖醇(DTT),谷胱甘肽(还原型),谷胱甘肽(氧化型)。

2. 菌体裂解液:20mmol/L Tris-HCl(pH8.0),1mmol/L EDTA。

3. 包涵体洗涤缓冲液Ⅰ:20mmol/L Tris-HCl(pH8.0),1mmol/L EDTA,2mol/L 尿素。

4. 包涵体洗涤缓冲液Ⅱ：20mmol/L Tris-HCl(pH8.0)，1mmol/L EDTA，1% Triton X-100。

5. 包涵体洗涤缓冲液Ⅲ：20mmol/L Tris-HCl(pH8.0)，1mmol/L EDTA，20mmol/L NaCl。

6. 包涵体裂解缓冲液：20mmol/L Tris-HCl(pH8.0)，8mol/L 尿素。

7. 包涵体复性缓冲液：20mmol/L Tris-HCl(pH8.0)＋谷胱甘肽系统。

【实验步骤】

1. 取发酵菌液装入离心管，4℃、5000r/min 离心 5min。同时取 100μl 菌液 4℃保存，作为 1 号样品。

2. 弃上清，收集菌体沉淀，称菌体湿重，以菌体裂解液按 30%(m/V)的稀释度悬浮菌体。

3. 在冰浴条件下，将超声探头没入悬浮液内进行超声波破碎。超声破碎条件视超声仪功率而定，当采用 300W 功率超声仪时，每次处理的菌体悬浮液以 30ml 为宜，一般总超声 15min，超声 3s 停 2s。

4. 4℃、10000r/min 离心 10min，弃去上清，用无菌牙签挑取大约牙签粗头大小的沉淀，编号，溶于 40μl 1×SDS 上样缓冲液中备用。

5. 沉淀按 5%(m/V)的稀释度悬浮于包涵体洗涤缓冲液Ⅰ，充分混匀。4℃、10000r/min 离心 10min，弃去上清。

6. 沉淀按 5%(m/V)的稀释度悬浮于包涵体洗涤缓冲液Ⅱ，充分混匀。4℃、10000r/min 离心 10min，弃去上清。

7. 沉淀按 5%(m/V)的稀释度悬浮于包涵体洗涤缓冲液Ⅲ，充分混匀。4℃、10000r/min 离心 10min，弃去上清。重复洗涤 3 次。最后所得的沉淀即为包涵体样品，称重，用无菌牙签挑取约牙签粗头大小，编号，溶于 40μl 1×SDS 上样缓冲液中备用。

8. 将包涵体按 5%(m/V)的稀释度重新悬浮于包涵体洗涤缓冲液Ⅲ，充分混匀，按1ml/管的装量将包涵体悬浮液分配至 1.5ml 离心管，－20 冻存。

9. 每组取包涵体样品 1 支，室温解冻，4℃、10000r/min 离心 10min，弃上清，加入 1ml 包涵体裂解缓冲液，充分混匀，37℃保温 3h。4℃、10000r/min 离心 10min。上清留样20μl，编号，加 20μl 2×SDS 上样缓冲液；沉淀用无菌牙签挑取牙签粗头大小，编号，溶于 40μl 1×SDS 上样缓冲液中备用。

10. 上清移至 10ml 试管，用缓慢滴加包涵体复性缓冲液至尿素终浓度为 2mol/L(稀释4 倍)，4℃过夜。

11. 取 100μl 复性液于离心管，4℃、12000r/min 离心 10min。上清取样20μl，编号，加20μl 2×SDS 上样缓冲液；沉淀加 40μl 1×SDS 上样缓冲液，编号。

12. 将上述样品进行 SDS-PAGE 分析。

【注意事项】

1. 使用超声波时应将强度控制在一定的限度，即刚好低于溶液产生泡沫的水平。产生泡沫会导致蛋白质变性。

2. 在复性蛋白时，一定要缓慢加入包涵体复性缓冲液，以防止变化太快造成蛋白质聚集析出。

【思考题】

1. 如何分离包涵体？

2. 蛋白质复性的方法有哪些？

3. 怎样防止蛋白质的变性与降解？

【参考文献】

［1］陈蔚青等.链球菌噬菌体裂解酶在大肠杆菌中的表达、纯化及活性检测［J］.生物工程学报,2009,25(8)：1267-1272.

［2］刘箭.分子生物学及基因工程实验教程［M］.北京：科学出版社,2008.

［3］申煌煊.分子生物学试验方法与技巧［M］.广州：中山大学出版社,2010.

［4］世界卫生组织编.实验室生物安全手册［M］.陆兵等主译.北京：人民卫生出版社,2004.

［5］朱旭芬.基因工程实验指导［M］.北京：高等教育出版社,2006.

［6］魏群.生物工程技术实验指导［M］.北京：高等教育出版社,2002.

附 录

附录1　基因工程操作中常用的溶液和缓冲液

附表1　简并碱基符号

符号	N	B	D	H	V	K	M	R	S	W
碱基	任意	非A	非C	非G	非T	G/T	A/C	A/G	C/G	C/T

附表2　氨基酸符号

氨基酸	英文全称	三字母符号	单字母符号	密码子
丙氨酸	alanine	Ala	A	GCN
半胱氨酸	cysteine	Cys	C	TGY
天冬氨酸	aspartate	Asp	D	GAY
谷氨酸	glutamate	Glu	E	GAR
苯丙氨酸	phenylalanine	Phe	F	TTY
甘氨酸	glycine	Gly	G	GGN
组氨酸	histidine	His	H	CAY
异亮氨酸	isoleucine	Ile	I	ATH
赖氨酸	lysine	Lys	K	AAR
亮氨酸	leucine	Leu	L	TTR CTN
甲硫氨酸	methionine	Met	M	ATG
天冬氨酸	asparagine	Asn	N	AAY
脯氨酸	proline	Pro	P	CCN
谷氨酰胺	glutamine	Gln	Q	CAR
精氨酸	arginine	Arg	R	CGN AGR
丝氨酸	serine	Ser	S	TCN AGY

氨基酸	英文全称	三字母符号	单字母符号	密码子
苏氨酸	threonine	Thr	T	CAN
缬氨酸	valine	Val	V	GTN
色氨酸	tryptophan	Trp	W	TGG
酪氨酸	tyrosine	Tyr	Y	TAY
天冬氨酸/天冬酰胺		Asx	B	
谷氨酸/谷氨酰胺		Glx	Z	

附表3　甘氨酸-盐酸缓冲液(0.05mol/L, pH2.2~3.6)

50ml 0.2mol/L 甘氨酸＋yml 0.2mol/L HCl,再加水稀释至 200ml。

pH	y/ml	水/ml	pH	y/ml	水/ml
2.2	44.0	106.0	3.0	11.4	138.6
2.4	32.4	117.6	3.2	8.2	141.8
2.6	24.2	125.8	3.4	6.4	143.6
2.8	16.8	133.2	3.6	5.0	145.0

0.2mol/L 甘氨酸:15.01g/L 甘氨酸(M_r=75.07)

附表4　磷酸氢二钠-柠檬酸缓冲液(pH2.2~8.0)

pH	0.2mol/L	0.1mol/L	pH	0.2mol/L	0.1mol/L
	Na_2HPO_4	柠檬酸		Na_2HPO_4	柠檬酸
2.2	0.40	19.60	4.6	9.35	10.65
2.4	1.24	18.76	4.8	9.86	10.14
2.6	2.18	17.82	5.0	10.30	9.70
2.8	3.17	16.83	5.2	10.72	9.28
3.0	4.11	15.89	5.4	11.15	8.85
3.2	4.94	15.06	5.6	11.60	8.40
3.4	5.70	14.30	5.8	12.09	7.91
3.6	6.44	13.56	6.0	12.63	7.37
3.8	7.10	12.90	6.2	13.22	6.78
4.0	7.71	12.29	6.4	13.85	6.15
4.2	8.28	11.72	6.6	14.55	5.45
4.4	8.82	11.18	6.8	15.45	4.55

续表

pH	0.2mol/L Na$_2$HPO$_4$	0.1mol/L 柠檬酸	pH	0.2mol/L Na$_2$HPO$_4$	0.1mol/L 柠檬酸
7.0	16.47	3.53	7.6	18.73	1.27
7.2	17.39	2.61	7.8	19.15	0.85
7.4	18.17	1.83	8.0	19.45	0.55

0.2mol/L Na$_2$HPO$_4$：35.61g/L Na$_2$HPO$_4$ · 2H$_2$O(M_r=178.05)

0.1mol/L 柠檬酸：21.01g/L 柠檬酸 · 2H$_2$O(M_r=210.14)

附表5　磷酸盐(Na$_2$HPO$_4$-NaH$_2$PO$_4$)缓冲液(0.2mol/L，pH5.8～8.0,25℃)

pH	0.2mol/L Na$_2$HPO$_4$	0.1mol/L Na$_2$H$_2$PO$_4$	pH	0.2mol/L Na$_2$HPO$_4$	0.2mol/L NaH$_2$PO$_4$
5.8	8.0	92.0	7.0	61.0	39.0
5.9	10.0	90.0	7.1	67.0	33.0
6.0	12.3	87.7	7.2	72.0	28.0
6.1	15.0	85.0	7.3	77.0	23.0
6.2	18.5	81.5	7.4	81.0	19.0
6.3	22.5	77.5	7.5	84.0	16.0
6.4	26.5	73.5	7.6	87.0	13.0
6.5	31.5	68.5	7.7	89.5	10.5
6.6	37.5	62.5	7.8	91.5	8.5
6.7	43.5	56.5	7.9	93.0	7.0
6.8	49.0	51.0	8.0	94.7	5.3
6.9	55.0	45.0			

0.2mol/L Na$_2$HPO$_4$：35.61g/L Na$_2$HPO$_4$ · 2H$_2$O(M_r=178.05)

71.64g/L Na$_2$HPO$_4$ · 12H$_2$O(M_r=358.22)

0.2mol/L NaH$_2$PO$_4$：31.21g/L NaH$_2$PO$_4$ · 2H$_2$O(M_r=156.03)

附表6　Tris-HCl缓冲液(0.05mol/L，pH7.0～9.0,25℃)

50ml 0.1mol/L 三羟甲基氨基甲烷(Tris)溶液与 $y$ml 0.1mol/L 盐酸混合后，加水稀释至100ml

pH	y/ml	pH	y/ml
7.1	45.7	7.5	40.3
7.2	55.7	7.6	38.5
7.3	43.4	7.7	36.6
7.4	42.0	7.8	34.5

pH	y/ml	pH	y/ml
7.9	32.0	8.5	14.7
8.0	29.2	8.6	12.4
8.1	26.2	8.7	10.3
8.2	22.9	8.8	8.5
8.3	19.9	8.9	7.0
8.4	17.2		

0.2mol/L 三羟甲基氨基甲烷(Tris)：12.11g/L Tris($M_r=121.14$)

附表7　甘氨酸-氢氧化钠缓冲液(0.05mol/L，pH8.6～10.6)

50ml 0.2mol/L 甘氨酸＋yml 0.2mol/L NaOH 加水稀释至 200ml。

pH	y/ml	水/ml	pH	y/ml	水/ml
8.6	4.0	146.0	9.6	22.4	124.8
8.8	6.0	144.0	9.8	27.2	122.8
9.0	8.8	141.2	10.0	32.0	118.0
9.2	12.0	138.0	10.4	38.6	111.4
9.4	16.8	133.2	10.6	45.5	104.5

0.2mol/L 甘氨酸：15.01g/L 甘氨酸($M_r=75.07$)

附录2　培养基与试剂的配制

一、培养基

1. LB(Luria Broth)培养基：1% 蛋白胨 (typtone)，0.5% 酵母提取物(yeast extract)，1% NaCl。10g 蛋白胨、5g 酵母提取物、10g 氯化钠溶解在 950ml 水中，用 1mol/L NaOH (≈1ml)调 pH 至 7.0，再补足水至 1L。固体培养基在 LB 培养基中添加 1.5%～2% 琼脂，121℃ 灭菌 20min 备用。

2. 2×LB：2% 蛋白提取物，1% 酵母提取物，2% NaCl，用 NaOH 调 pH 至 7.0，高压灭菌。

3. 2×LB-甘油：175ml 2×LB 液体，25ml 甘油，高压灭菌，置于 4℃ 备用。

4. 软胶：LB 培养基、0.7% 琼脂。

5. 含 Amp 的 LB 固体培养基：将配好的 LB 固体培养基高压灭菌后冷却至 60℃ 左右，加入 Amp 储存液，使终浓度为 100μg/ml，摇匀后铺板。

6. 含 X-gal 和 IPTG 的筛选培养基：在事先制备好的含 100μg/ml Amp 的 LB 平板表面加 20μl 的 2% X-gal 储液和 40μl 的 100mmol/L IPTG 储液，用无菌玻璃棒将溶液涂匀，

置于37℃下放置1～2h,使培养基表面的液体完全被吸收。

7. NZYM 培养基:1% NZ 胺 A,0.5% NaCl,0.5% 酵母提取物,0.2% $MgSO_4$,pH7.5。即 10g NZ 胺 A,5g NaCl,5g 酵母提取物,2g $MgSO_4$。溶解在 950ml 水中,用 1mol/L NaOH 调 pH 至 7.0,再补足水至 1L。

8. SOB 培养基:2% 蛋白胨,0.5 酵母提取物,10mmol/L NaCl,2.5mmol/L KCl。即 20g 蛋白胨,5g 酵母提取物,0.6g NaCl,2.5ml 1mol/L KCl,用水补足体积到 1L。分成 100ml 的小份,高压灭菌。培养基冷却到室温后,再在每 100ml 的小份中加 1ml 灭过菌的 1mol/L $MgCl_2$。

9. SOC 培养基:SOB 培养基·20mmol/L 葡萄糖。即 99ml SOB 培养基中,加 1ml 灭菌的 2mol/L 葡萄糖。

10. TB 培养基:12g 蛋白胨、24g 酵母提取物、4ml 甘油,溶解在 0.9L 水中,各组分溶解后高压灭菌。冷却到 60℃,再加 100ml 灭菌的 170mmol/L KH_2PO_4-0.72mol/L K_2HPO_4 的溶液(2.31g 的 KH_2PO_4 和 12.54g K_2HPO_4 溶在足量的水中,使终体积为 100ml)。高压灭菌或用 0.22μm 的滤膜过滤除菌。

11. 2×YT 培养基:16g 蛋白胨、10g 酵母提取物、5g NaCl,溶解在 0.9L 水中,用 1mol/L NaOH($\approx$1ml),调 pH 至 7.0,再补足水至 1L。注:琼脂平板需添加琼脂粉12g/L,上层琼脂平板添加琼脂粉 7g/L。

12. YPD 培养基:2% 蛋白陈,1% 酵母提取物,2% 葡萄糖。即 20g 蛋白胨、10g 酵母提取物、20g 葡萄糖,用水补足体积为 1L 后,高压灭菌。建议在高压灭菌之前,对色氨酸营养缺陷型每升培养基添加 1.6g 色氨酸,因为 YPD 培养基是色氨酸限制型培养基。为了配制平板,需要在高压灭菌前加入 20g 琼脂粉。

二、常用贮液与溶液

1. 10mg/ml,牛血清清蛋白(BSA):加 100mg 的牛血清清蛋白(组分 V 或分子生物学试剂级,无 DNA 酶)于 9.5ml 水中,盖好盖后,轻轻摇动,直至牛血清清蛋白完全溶解为止。不要涡旋混合。加水定容到 10ml,然后分装成小份贮存于－20℃。

2. $CaCl_2$ 溶液(转化用):60mmol/L $CaCl_2$,15% 甘油。即 4.41g $CaCl_2$、75ml 甘油,调 pH 至 7.2,灭菌后 4℃保存。

3. CTAB/NaCl:10% 十六环基三甲基溴化铵(CTAB),0.7mol/L NaCl。即溶解 10g CTAB、4g NaCl 于 100ml 水中。

4. 2×抽提缓冲液:0.6mol/L NaCl、100mmol/L Tris-HCl(pH7.5)、40mmol/L EDTA(pH8.0)、1% SDS。

5. 1×抽提缓冲液:0.5% 的 2×抽提缓冲液,5mol/L 尿素,10mmol/硫基乙醇,5% 苯酚(1×抽提缓冲液使用前配制)。

6. DEPC(焦碳酸二乙酯)处理水:0.1% DEPC 水,即加 1ml DEPC(diethlpyrocarbonate)于 1L 水中,使 DEPC 的体积分数为 0.1%。在 37℃温浴至少 12h,然后在 0.1MPa 条件下高压灭菌 20min,以使残余的 DEPC 失活。DEPC 会与胺起反应,不可用 DEPC 处理 Tris 缓冲液。

7. DNA 抽提缓冲液:150mmol/L NaCl,10mmol/L Tris-HCl(pH8.0),10mmol/L

EDTA(pH8.0),0.1% SDS(SDS 是分开灭菌,冷却后加入)。

8. 1mol/L 二硫苏糖醇(DTT):在二硫苏糖醇 5g 的原装瓶中加 32.4ml 水,分成小份贮存于−20℃,或转移 100mg 的二硫苏糖醇至微量离心管,加 0.65ml 的水配制成 1mol/L 二硫苏糖醇溶液。

9. 0.5mol/L EDTA(pH7.6):称取 186.12g 的 Na$_2$EDTA · 2H$_2$O 和 20g 的 NaOH,溶于 800ml 水中,用固体 NaOH 调 pH 至 8.0,定容至 1L。

10. 分离缓冲液:10mmol/L Tris-HCl(pH7.4),10mmol/L NaCl,25mmol/L EDTA。

11. Folin-苯酚试剂:含有甲、乙两种试剂。

试剂甲:由 3 种溶液配制而成。① 2% Na$_2$CO$_3$,0.4% NaOH;② 1% CuSO$_4$ 溶液;③ 2%酒石酸钾钠。临用前将②与③等体积混合,然后再将其与①溶液按 1:50 的比例混合,放置 30min 后使用。试剂甲一天内有效。

试剂乙:称 100g 钨酸钠、25g 铂酸钠,置于 2L 的回流装置内,加 700ml 蒸馏水、50ml H$_3$PO$_4$ 和 100ml HCl,充分混匀溶解后,以小火回流 10h,再加 150g Li$_2$SO$_4$、50ml 蒸馏水以及数滴液溴。开口煮沸 15min,除去多余的溴。冷却后定容至 1000ml,过滤,溶液为黄绿色,置于棕色试剂瓶中保存。使用时用标准 NaOH 溶液滴定,以酚酞为指示剂,用水稀释,使其酸度为 1mol/L。

12. 革兰阴性菌裂解缓冲液:10mmol/L Tris-HCl,5mmol/L EDTA,0.1mmol/L NaCl,1% SDS。

13. GTE 溶液:50mmol/L 葡萄糖,25mmol/L Tris-HCl(pH8.0),10mmol/L EDTA(pH8.0)。

14. 1mol/L HCl:加 8.6ml 的浓盐酸至 91.4ml 的水中。

15. 1mol/L HEPES:将 23.8g HEPES 溶于约 90ml 的水中,用 NaOH 调 pH(6.8~8.2),然后用水定容至 100ml。

16. 100mmol/L IPTG 母液:溶解 238.3mg 的 IPTG(异丙基硫代-β-D-半乳糖苷)于 10ml 水中,分成小份贮存于−20℃备用。

17. 2mol/L KCl:溶解 37.28g KCl 于 250ml 水中。

18. 10mg/ml 溶菌酶(lysozyme):用 10mmol/L Tris-HCl(pH8.0)溶液配制,并分装成小份保存于−20℃。

19. 20mmol/L 磷酸盐缓冲液贮备液:称 121.7g NaH$_2$PO$_4$ 和 173.2g Na$_2$HPO$_4$ 溶于去离子水中,定容至 1000ml,调 pH 至 7.0。

20. 裂解缓冲液(细胞破碎法快速检测质粒 DNA 用):TBS 100μl,10% SDS 200μl,21% 蔗糖溶液 250μl,溴酚蓝 250μl。

21. 裂解缓冲液:10mmol/L Tris-HCl(pH7.4),10mmol/L NaCl,1mmol/L 柠檬酸钠,1.5% SDS。

22. 考马斯亮蓝染料溶液:100mg 考马斯亮蓝 G-250 溶于 50ml 的 95% 乙醇,加入 100ml 磷酸,然后用水定容至 1L,用 Whatman 1 号滤纸过滤,于 4℃保存。

23. 1mol/L MgSO$_4$:溶解 12g MgSO$_4$ 于足量的水中,定容到 100ml。

24. 1mol/L MgCl$_2$:溶解 20.3g MgCl$_2$ · H$_2$O 于足量的水中,定容到 100ml。

25. 10% 麦芽糖：10g 麦芽糖溶解于水中，定容至 100ml。

26. 3mol/L NaAc(pH5.2)：80ml 水中溶解 40.81g NaAc·$3H_2O$，用冰醋酸约11.4ml 调 pH 至 5.2，加水定容至 100ml，分装后高压灭菌。

27. 2mol/L NaAc(pH4.0)：30ml 水中溶解 27.22g NaAc·$3H_2O$，用冰醋酸约56ml 调 pH 至 4.0，加水定容至 100ml，分装后高压灭菌。

28. 5mol/L NaCl：800ml 水中溶解 29.2g NaCl，定容至 100ml。

29. 0.15mmol/L NaCl（即 0.9% NaCl 溶液）：90ml 水中溶解 0.9g NaCl，定容至 100ml。

30. 1mol/L NaH_2PO_4·H_2O：溶解 13.8g NaH_2PO_4·H_2O 于 100ml 水中。或溶解 26.8g NaH_2PO_4·$7H_2O$ 于 100ml 水中。

31. 5mol/L NaOH：溶解 20g NaOH 颗粒于约 90ml 水的烧杯中（磁力搅拌器搅拌），NaOH 完全溶解后用水定容至 100ml，贮存在塑料瓶。

32. 1mol/L NH_4Ac：用 300ml 水溶解 38.5g NH_4Ac，补足至 500ml。

33. 20% PEG 8000/2.5mol/L NaCl(100ml)：即 20g PEG 8000、14.6g 固体 NaCl，加水至 100ml，用磁力搅拌器搅拌溶解。

34. 10mg/ml 蛋白酶 K(proteinase K)：将 100mg 的蛋白酶 K 加入 9.5ml 灭菌后的去离子水中，轻轻摇动，直至蛋白酶 K 完全溶解。不要涡旋混合。加水定容到 10ml，然后分装成小份贮存于 −20℃。

35. 10×PBS 溶液：8% NaCl，0.2% KCl，0.29% Na_2HPO_4·$12H_2O$，0.2% KH_2PO_4。即 80g NaCl、2g KCl、2.9g Na_2HPO_4·$12H_2O$、2g KH_2PO_4用水定容至 1L，灭菌后 4℃保存。

36. 40% PEG 3300：

PEG 溶液：2.5mol/L NaCl、20% PEG 6000。

PEG 溶液：1.6mol/L NaCl、13% PEG 8000。

37. 100mmol/L PMSF：溶解 174mg 的 PMSF（苯甲基磺酰氟）于足量的异丙醇中，定容到 10ml。分成小份并用铝箔将装液管包裹或贮存于 −20℃。

38. 原生质体缓冲液（细胞破碎法快速检测质粒 DNA 用）：1mol/L Tris(pH8.0)30μl，25mol/L EDTA 20μl，5mol/L NaCl 10μl，10mg/ml RNase A 5μl，10mg/ml 溶菌酶 5μl，21% 蔗糖溶液 940μl。

39. 原生质体缓冲液（细胞破碎法快速检测质粒 DNA 用）、溶菌酶(lysozyme)和 RNA 酶混合液：原生质体缓冲液（细胞破碎法快速检测质粒 DNA 用）1ml 左右，10mg/ml RNA 酶 1~2μl，用牙签尖取少许溶菌酶。

40. 2mol/L 葡萄糖：溶解 18g 葡萄糖到足够水中，再用水补足到 50ml，用 0.22μm 的滤膜过滤除菌。

41. 2mg/L RNase A：10mmol/L Tris-HCl(pH7.5)，15mmol/L NaCl。即 10mg RNA 中加 100μl 1mol/L Tris-HCl、30μl 5mol/L NaCl(pH7.5)，加水至 10ml，在 100℃ 保温 15min，使 DNA 酶失活。然后室温条件下缓慢冷却，用离心管分装成保存于 −20℃。

42. 10% SDS（十二烷基硫酸钠）：称取 100g SDS 慢慢转移到约含 0.9L 的水的烧杯中，用磁力搅拌器搅拌直至完全溶解。用水定容至 1L（浓盐酸调至 pH7.2）。注：SDS 粉末很轻,飞扬起来很容易吸入肺部,在肺泡溶解产生界面活性的作用,使得肺部细胞无法进行氧分子交换,称取时务必戴口罩。

43. SM:20mmol/L Tris-HCl(pH7.5),100mmol/L NaCl,10mmol/L MgSO$_4$ · 7H$_2$O。即 10ml 2mol/L Tris-HCl、2.46g MgSO$_4$ · H$_2$O、5.84g NaCl,加水定容至 1L。

44. 20×SSC:3mol/L NaCl、0.3mol/L 柠檬酸钠。即溶解 88.2g Na$_3$Citrate · 2H$_2$O(M_r=294.1)、175.3g NaCl 于约 0.9L 水中,加约 0.2ml 的 5mol/L HCl 溶液调 pH 至7.4,定容至 1L。

45. STET:0.1mol/L NaCl,10mmol/L,Tris-HCl(pH8.0),10mmol/L EDTA (pH8.0),5%Triton-X-100。

46. 10mg/ml 鲤鱼精子(salmon sperm)DNA。

47. TE 缓冲液(用于悬浮和贮存 DNA):10mmol/L Tris-HCl(pH8.0),1mmol/L EDTA。即 1ml 1mol/L Tris-HCl(pH7.6~8.0)、200μl 0.5mol/L EDTA(pH8.0),用水补足 100ml。

48. 0.1mol/L TE-LiAc:10mmol/L Tris-HCl (pH7.5),1mmol/L Na$_2$EDTA,0.1mol/L LiAc。

49. TEMED:存放在 4℃冰箱。

50. 1mol/L Tris-HCl(pH7.6):800ml 水溶解 121.1g Tris,加 60ml 浓 HCl (如果是 pH7.4,则加 70ml 浓 HCl),用水定容至 1L,灭菌备用。

51. 0.5mol/L Tris-HCl(pH8.0):800ml 水溶解 60.57g Tris,加 20ml 浓 HCl,用水定容至 1L,灭菌备用。

52. TSB(transformation and storage buffer):LB 培养基(pH6.5),10% PEG 6000,10mmol/L MgCl$_2$,10mmol/L MgSO$_4$,5% DMSO(DMSO 使用时添加),4℃下保存。

53. 2% X-gal(5-溴-4-氯-3-吲哚-β-半乳糖苷):溶解 20mg 的 X-gal 于 1ml 的二甲基甲酰胺(DMF)或二甲基亚砜,用铝箔或黑纸包裹装液管以防止受光照破坏,贮存于-20℃。

54. 80%甘油(glycerol):将 80ml 的甘油加水补足至 100ml。

55. 溶液Ⅰ:50mmol/L 葡萄糖,25mmol/L Tris-HCl(pH8.0),10mmol/L EDTA。即 0.9g 葡萄糖、2ml 的 0.5mol/L EDTA、2.5ml 1mol/L Tris-HCl(pH8.0),高压灭菌。

56. 溶液Ⅱ:0.2mol/L NaOH,1% SDS。即 4ml 5mol/L NaOH、10ml 10% SDS,定容至 100ml。

57. 溶液Ⅲ:3mol/L KAc(pH4.8)。即 5mol/L KAc 60ml、冰醋酸 11.5ml、加水定容至 100ml,并高压灭菌。或 3mol/L NaAc(pH4.8)。即 40.81g NaAc · 3H$_2$O、冰醋酸 12.5ml,定容至 100ml,高压灭菌。

58. 饱和苯酚(phenol):市售苯酚中含有醌等氧化物,这些产物可引起磷酸二酯键的断裂及导致 RNA 和 DNA 的交联,应在 160℃用冷凝管进行重蒸。重蒸苯酚加入 0.1%的8-羟基喹啉(作为抗氧化剂),并用等体积的 0.5mol/L Tris-HCl(pH8.0)和 0.1mol/L Tris-HCl(pH8.0)缓冲液反复抽提使之饱和并使其 pH 达到 7.6 以上,因为酸性条件下 DNA 会分配于有机相。

59. 酸性水饱和苯酚(RNA 用):重蒸苯酚用等体积的双蒸水反复抽提使之饱和。pH

达 5.0。

60. 苯酚/氯仿/异戊醇：按苯酚：氯仿/异戊醇＝1：1 的比例混合饱和苯酚与氯仿/异戊醇，即得苯酚/氯仿/异戊醇(25：24：1)。酚和氯仿均有很强的腐蚀性，操作时应戴手套。

61. 氯仿/异戊醇：按氯仿：异戊醇＝24：1 的比例混合氯仿和异戊醇。氯仿可使蛋白变性并有助于液相与有机相的分开，异戊醇则可消除抽提过程中出现的泡沫。

62. 消化缓冲液：100mmol/L NaCl，10mmol/L Tris-HCl(pH8.0)，25mmol/L EDTA(pH8.0)，0.5%SDS，0.1mg/ml 蛋白酶 K(临用前添加)。

63. 原生质体缓冲液：15mmol/L Tris-HCl(pH8.0)，0.45mol/L 蔗糖，8mmol/L EDTA。即 15.4g 蔗糖、1.5ml 1mol/L Tris-HCl(pH8.0)、1.6ml 0.5mol/L EDTA，定容至 100ml。

64. 70%乙醇(DNA 用)：用灭过菌的水将乙醇调至 70%。

65. 80%乙醇(RNA 专用)：用 DEPC 处理水将乙醇调至 80%。

三、染料、电泳缓冲液、凝胶加样液和杂交液

1. 1%溴酚蓝(bromophenol blue)：加 1g 水溶性钠型溴酚蓝于 100ml 水中，搅拌或涡旋混合，直到完全溶解。

2. 1%二甲苯青 FF(xylene cyanol FF)：溶解 1g 二甲苯青 FF 于足量水中，定容到 100ml。

3. 5mg/ml 溴化乙锭(ethidium bromide，EB)：小心称取 0.5 溴化乙锭，转移到广口瓶中，加 100ml 水，用磁力搅拌器搅拌直到完全溶解。用铝箔包裹装液管，于 4℃贮存。工作液浓度 0.5mg/L。

(一) DNA 电泳

1. 50×Tris-乙酸(TAE)缓冲液：2mol/L Tris 碱，1mol/L 乙酸，50mmol/L EDTA。即 Tris 碱 242g、57.1ml 的冰乙酸(17.4mol/L)、100ml 的 0.5mol/L EDTA(pH8.0)，加水定容至 1L。

2. 10×Tris-硼酸(TBE)：90mmol/L Tris 碱，890mmol/L 硼酸盐，20mmol/L EDTA。即 108g Tris 碱、55g 硼酸、40ml 0.5mol/L EDTA(pH8.0)，加水定容至 1L。

3. 10×Tris H$_3$PO$_4$(TPE)：即 108g Tris 碱、15.5ml 85% H$_3$PO$_4$、40ml 0.5mol/L EDTA(pH8.0)，加水定容至 1L。

4. TBS 电泳缓冲液：100ml TBE，0.5ml 10% SDS。

5. 6× 上样缓冲液：0.25%溴酚蓝(BPB)，40%蔗糖，10mmol/L EDTA(pH8.0)。即 2.5ml 1% 溴酚蓝、2.5ml 1% 二甲苯青 FF、4g 聚蔗糖，补足水到 10ml，4℃保存。

6. RNA 凝胶上样缓冲液：50%甘油，1mmol/L EDTA(pH8.0)，0.25%溴酚蓝，0.25%二甲苯青 FF。即 2.5ml 甘油、10μl 0.5mol/L EDTA(pH8.0)、1.25ml 1%溴酚蓝、1.25ml 1%二甲苯青 FF，用 DEPC 处理水定容至 5ml，分装后保存在－70℃冰箱。

7. RNA 胶(1%)：1g 琼脂糖加 62ml DEPC 水，加热熔化后冷却至 60℃，再加20ml 的 5×FGRB 和 17.8ml 的 37%甲醛，混匀后制胶。

8. 甲酰胺(去离子)：将 10ml 甲酰胺和 1g 离子交换树脂混合，室温搅拌 1h 后用 Whatman 滤纸过滤，等分成 1ml，于－70℃贮存。

9. 其他试剂：37％甲醛、80％乙醇(利用 DEPC 处理水配制)。

（二）蛋白质电泳

1. 蛋白质标准相对分子质量。

2. 10％过硫酸铵(APS)：1g APS 加 ddH$_2$O 至 10ml。使用时尽量现配现用；4℃保存则两周内用完，最多不能超过一个月；－20℃可存放两个月，但一旦解冻后尽快用完。

3. TEMED 和 DTT：存放在 4℃冰箱。

4. 30％胶母液(Acr-Bis)：30％丙烯酰胺(acrylamide，Acr)，0.8％ N,N'-亚甲基双丙烯酰胺(methylene-bisacrylamide，Bis)。即 Acrylamide 30g、bis 0.8g，加水定容至 100ml，可在 4℃存放数月。

5. 分离胶缓冲液(pH8.8)：3.0mol/L Tris。即 Tris 36.3g，pH8.8，加水定容至 100ml。

6. 浓缩胶缓冲液(pH6.8)：1.0mol/L Tris。即 Tris 12.10g，pH6.7，加水定容至 100ml。

7. 10×电极缓冲液：50mmol/L Tris。384mmol/L 甘氨酸，1％ SDS。即 Tris 6g、Glycine 28.8g、SDS 10g，调 pH 至 8.3，定容至 1L。

8. 4×SDS 上样缓冲液：200mmol/L Tris-HCl(pH6.8)，8％ SDS，0.04％溴酚蓝，40％甘油，400mmol/L DTT(或 8％ β-巯基乙醇)，4℃保存。

9. 2×SDS 上样缓冲液：0.1mol/L Tris(pH6.8)，4％ SDS，20％甘油，0.02％溴酚蓝，200mmol/L DTT(或 4％ β-巯基乙醇)，4℃保存。

10. 染色液：1.0g 考马斯亮蓝 R-250、500ml 甲醇、100ml 冰醋酸，加水定容至 1L。

11. 脱色液：50ml 甲醇、75ml 醋酸，加水定容至 1L。

四、印迹杂交试剂

（一）Southern 印迹杂交

1. 变性溶液：0.5mol/L NaOH，1.5mol/L NaCl。即溶解 40g NaOH、175.3g NaCl 于 900ml 水中，定容至 1L。

2. 中性溶液：0.5mol/L Tris-HCl(pH7.4)，1.5mol/L NaCl。即 121.1g Tris、175.3g NaCl 以及 77ml 的 HCl，加水定容至 1L。

3. 20×SSC：3mol/L NaCl，0.3mol/L 柠檬酸钠。即溶解 88.2g Na$_3$Citrate · 2H$_2$O (M_r＝294.1)、175.3g NaCl 于约 0.9L 水中，加约 0.2ml 的 5mol/L HCl 溶液调 pH 为7.4，加水定容至 1L。

4. 2×SSC：加 50ml 的 20×SSC 到 450ml 水中，用 1mol/L HCl 溶液调 pH 至 7.4。

5. 六核苷酸混合物：10×浓缩六核苷酸反应混合物。

6. dNTP 标记混合物：含有 1mmol/L dATP、1mmol/L dGTP、1mmol/L dCTP、0.65mmol/L dTTP、0.35mmol/L DIG-11-dUTP 的 10×浓缩 dNTP 标记混合物，pH7.5。

7. 抗地高辛-碱性磷酸酶连接物：连接碱性磷酸酶的多克隆羊抗地高辛 Fab 片段，4℃保存。

8. 50×Denhardt's 液：1％ PVP-360(聚乙烯吡咯烷酮)，1％ Ficoll 400(聚蔗糖)，1％ BSA(牛血清清蛋白 Fraction V)。即 1g 聚蔗糖、1g 聚乙烯吡咯烷酮、1g BSA，加水至总体积为 100ml，过滤除菌及杂质，分装成小份，于－20℃贮存。

9. 地高辛 DNA 标记和检测试剂盒（DIG DNA labeling and detection kit）：应存放在－20℃冰箱中，除其中的抗地高辛-辣根过氧化物酶结合物（anti-DIG-AP conjugate），保存在 4℃。

10. 预杂交液：DIG Easy Hyb。

11. 杂交液：预杂交液，标记后的变性的探针。

12. 2×洗膜缓冲液：2×SSC，0.1% SDS。

13. 0.5×洗膜缓冲液：0.5×SSC，0.1% SDS。

14. 马来酸缓冲液：0.1mol/L 马来酸（maleic acid），0.15mol/L NaCl。即溶解 5.8g 马来酸、4.38g NaCl 于 400ml 水中，用固体 NaOH 调 pH7.5，定容至 500ml。

15. 洗液（washing buffer）：马来酸缓冲液，0.3% Tween 20。即在 500ml 的马来酸缓冲液中添加 1.5ml Tween 20。

16. 检测缓冲液（detection buffer）：0.1mol/L Tris-HCl(pH9.5)，0.1mol/L NaCl。即溶解 60.6g Tris 碱、29.2g NaCl 到 900ml 水中，用 12mol/L HCl 调 pH 至 9.5，定容至 1L。

17. 10×封闭液（blocking solution）：10%封闭液溶解于马来酸缓冲液，即取 5g 溶解到 50ml 的马来酸缓冲液（65℃加热），未打开保存在室温，打开后应分装，可在 4℃冰箱保存一个月。

18. 1×封闭液：稀释 10×封闭液（blocking solution）至 1×封闭液，现配现用。

19. 抗体溶液（antibody solution）：将 anti-digoxigenin-AP 在 10000r/min 离心5min，取上清液，用 1×封闭液（blocking solution）按 1∶5000 稀释（150mU/ml），现配现用，4℃保存12h。

20. 颜色底物溶液（color-substrate）：将 500μl 的 NBT/BCIP 添加到 25ml 的检测缓冲液中（避光保存）。

（二）Northern 印迹杂交

1. DEPC 处理水：0.1% DEPC 水。

2. 0.5% SDS 溶液：用 DFPC 处理高压灭菌水配制。

3. 80%乙醇：用 DEPC 处理水配制。

4. 饱和 NaCl 溶液：40g NaCl，溶于 100ml DEPC 处理水中，搅拌溶液到透明。

5. 20×SSC：3mol/L NaCl，0.3mol/L 柠檬酸钠。即溶解 88.2g Na_3 Citrate · $2H_2O$（M_r＝294.1）、175.3g NaCl 于约 0.9L 水中，加约 0.2ml 的 5mol/L HCl 溶液调 pH 为7.4，定容至 1L。

6. 50×Denhardt's 液：1% PVP-360（聚乙烯吡咯烷酮）、1% Ficoll 400（聚蔗糖）、1% BSA（牛血清清蛋白），用 DEPC 处理水溶解定容。－20℃保存。

7. 预杂交液：50%甲酰胺，5×SSC，5×Denhardt's 液，1% SDS，100μg/ml 鲤鱼精子DNA（用前加热变性后加入）。

8. 杂交液：DIG-DNA 变性探针用预杂交液稀释成适当浓度（5ng/ml）。

9. 2×洗膜缓冲液：2×SSC，0.1% SDS。

10. 0.5×洗膜缓冲液：0.5×SSC，0.1% SDS。

11. 1mg/ml 溴化乙锭。

（三）Western 印迹杂交

1. 蛋白质电泳试剂。

2. 电转液：25mmol/L Tris,192mmol/L 甘氨酸,10％（V/V）甲醇。即 3g Tris、14.4g 甘氨酸、100ml 甲醇,用水定容至 1L。

3. 第一抗体（一抗）：鼠抗人 GM-CSF 单克隆抗体。

4. 第二抗体（二抗）：HRP 标记的羊抗鼠 IgG。

5. 10×PBS 溶液：8％ NaCl,0.2％ KCl,0.29％ $Na_2HPO_4 \cdot 12H_2O$,0.2％ KH_2PO_4。即 80g NaCl,2g KCl,2.9g $Na_2HPO_4 \cdot 12H_2O$,2g KH_2PO_4 用水定容至 1L,灭菌后 4℃保存。

6. PBST：1×PBS,0.02％ Tween-20。即 1000ml PRS 中添加 0.2ml Tween-20。

7. 10×TBS：0.2mol/L Tris-HCl(pH7.5),1.4mol/L NaCl。即 24.2g Tris、80g NaCl 用水定容至 1L,调整 pH 至 7.5。

8. TBST：1×TBS,0.05％ Tween-20。即 1000ml 的 TBS 中添加 0.5ml Tween-20。

9. 封闭液：含 5％脱脂奶粉的 PBST 或 TTBS。即临用时取 200ml PBST 或 TBST,加入 10g 脱脂奶粉。

10. 显色液或发光液。

附录 3　常用抗生素

1. 100mg/ml 氨苄青霉素（ampicillin）：溶解 1g 氨苄青霉素钠盐于足量的水中,最后定容至 10ml。分装成小份于 -20℃贮存。常以 100μg/ml 的终浓度添加于生长培养基。

2. 50mg/ml 羧苄青霉素（carbenicillin）：溶解 0.5g 羧苄青霉素二钠盐于足量的水中,最后定容至 10ml。分装成小份于 -20℃贮存。常以 50μg/ml 的终浓度添加于生长培养基。

3. 100mg/ml 甲氧西林（methicillin）：溶解 1g 甲氧西林钠于足量的水中,最后定容至 10ml。分装成小份于 -20℃贮存。常以 37.5μg/ml 终浓度与 100μg/ml 氨苄青霉素一起添加于生长培养基。

4. 50mg/ml 卡那霉素（kanamycin）：溶解 500mg 卡那霉素于足量的水中,最后定容至 10ml。分装成小份于 -20℃贮存。常以 50μg/ml 的终浓度添加于生长培养基。

5. 30mg/ml 氯霉素（chloramphenicol）：溶解 300mg 氯霉素于足量的无水乙醇中,最后定容至 10ml。分装成小份于 -20℃贮存。常以 25μg/ml 的终浓度添加于生长培养基。

6. 50mg/ml 链霉素（streptomycin）：溶解 0.5g 链霉素硫酸盐于足量的无水乙醇中,最后定容至 10ml。分装成小份于 -20℃贮存。常以 50μg/ml 的终浓度添加于生长培养基。

7. 5mg/ml 萘啶酮酸（nalidixic acid）：溶解 50mg 萘啶酮酸钠盐于足量的水中,最后定容至 10ml。分装成小份于 -20℃贮存。常以 15μg/ml 的终浓度添加于生长培养基。

8. 20mg/ml 四环素（tetracyline）：溶解 200mg 四环素盐酸盐于足量的水中,或者将无碱的四环素溶于无水乙醇,定容至 10ml。分装成小份,用铝箔包裹装液管以免溶液见光,于 -20℃贮存。常以 20μg/ml 的终浓度添加于生长培养基。

附录4　常用缩略语

简　写	英　文	中　文
A_{260}	absorbance at 260nm	260nm 处吸光度
AD	acting domain	激活域
AGPC	acid guanidinium-phenol-chloroform	硫氰酸胍/苯酚/氯仿
Amp	ampicillin	氨苄青霉素
AP	alkaline phosphatase	碱性磷酸酶
APS	ammonium persulfate	过硫酸铵
BAP	bacterial alkaline phosphatase	细菌碱性磷酸酶
BCIP	5-bromo-4-chloro-3-indolyl phosphate	5-溴-4-氯-3-吲哚磷酸酯
BD	binding domain	结合域
Bis	N,N'-methylene-bisacrylamide	N,N'-亚甲基双丙烯酰胺
bp	base pair	碱基对
BPB	bromophenol blue	溴酚蓝
BSA	bovine serum albumin	牛血清清蛋白
cAMP	adenosine 3',5'-cyclic-monophosphate	环腺苷酸
CAT	chloramphenicol acetyltransferase	氯霉素乙酰转移酶
CBB	Coomassie brilliant blue	考马斯亮蓝
cccDNA	covalently closed circular DNA	共价闭合环状 DNA
cDNA	complementary DNA	互补 DNA
CIAA	chloroform/isoamyl alcohol	氯仿/异戊醇
CIAP	calf intestine alkaline phosphatase	小牛肠碱性磷酸酶
Cm	chloramphenicol	氯霉素
cos	cohesion site	黏性位点
CTAB	cetyltrimethylammonium bromide	十六环基三甲基溴化铵
ddNTP	2',3'-dideoxynucleoside 5'-triphosphate	双脱氧核苷三磷酸
DAB	diaminobenzidine	二氨基联苯胺
DEAE	diethylaminoethyl	二乙氨乙基
DEPC	diethyl pyrocarbonate	焦碳酸二乙醇
DMF	N,N'-dimethylformamide	二甲基甲酰胺

简　写	英　文	中　文
DMSO	dimethyl sulfoxide	二甲基亚砜
dNTP	2 '-deoxynuleoside 5 '-triphosphate	脱氧核苷三磷酸
ds	double stranded	双链
DTT	dithiothreitol	二硫苏糖醇
EB	ethidium bromide	溴化乙锭
E. coli	*Escherichia coli*	大肠杆菌
EDTA	ethylenediaminettraacetic acid	乙二胺四乙酸
EGTA	ethylene glycol bis(2-aminoethylether)-tetraacetic acid	乙二醇双(2-氨基乙醚)四乙酸
ELISA	enzyme linked immunosorbent assay	酶联免疫吸附测定
EMBL	European molecular biology laboratory	欧洲分子生物学实验室
FITC	fluorescein isothiocyanate	异硫氰酸荧光素
GST	glutathione *S*-transferase	谷胱甘肽 *S*-转移酶
HRP	horseradish peroxidase	辣根过氧化物酶
IAA	isoamyl alcohol	异戊醇
IPTG	isopropyl-β-D-thiogalactoside	异丙基硫代半乳糖苷
kb	kilobase pair	千碱基对
Kan	kanamycin	卡那霉素
LB	Luria-Bertani	LB 培养基
MCS	Multiple cloning site	多克隆位点
min	minute(s)	min
m. o. i	multiplicity of infection	感染复数
MOPS	3-(*N*-morpholino)propanesulfonic acid	3-(*N*-吗啉代)-丙磺酸
NBT	nitro blue tetrazolium chloride	氮蓝四唑
NCBI	national center for biotechnology information, national library of medicine	美国国家医学图馆生物技术信息中心
NIH	national institute of health	美国国家卫生研究院
NP40	nonidet P40，octylphenoxypolyethoxyethanol	乙基苯基聚乙二醇
nt	nucleotide	核苷酸
ocDNA	open circular DNA	开环 DNA
OD	optical density	光密度

续表

简　写	英　文	中　文
oligo(dT)	oligo deoxythymidylic acid	寡聚脱氧腺苷酸
OPD	o-phenylenediamine	邻苯二胺
ORF	open reading frame	开放阅读框架
ori	origin of replication	复制起点
PAGE	polyacrylamide gel electrophoresis	聚丙酰胺凝胶电泳
PBS	phosphate buffered saline	磷酸缓冲液
PCI	phenol/chloroform/isoamyl alcohol	苯酚/氯仿/异戊醇
PCR	polymerase chain reaction	多聚酶链式反应
PEG	polyethylene glycol	聚乙二醇
pfu	plaque forming unit	噬菌斑形成单位
PMSF	phenylmethylsul-fonyl fluoride	苯甲基磺酰氟
PNK	polynucleotide kinase	多聚核苷酸激酶
RAPD	random amplified polymorphic DNA	随机扩增多态性 DNA
RFLP	restriction fragment length polymorphism	限制性片段长度多态性
RNase	ribonuclease	核糖核酸酶
RNaseOUT	recombinant ribonuclease inhibitor	重组核糖核酸酶抑制剂
RNP	ribonucleoprotein particles	核糖核蛋白颗粒
PMSF	phenylmethyl sulfonyl fluoride	苯甲基磺酰氟
PVDF	polyvinylidene difluoride	聚偏二氟乙烯
PVP-360	polyvinyl pyrrolidone 360	聚乙烯吡咯烷酮-360
RT-PCR	reverse transcriptase PCR	反转录酶 PCR
r/min(rpm)	revolutions perminute	转/分钟
SD	Shine-Dalgarno	SD 序列
SDS	sodium dodecyl sulfate	十二烷基磺酸钠
SM	suspension medium	悬浮培养基
ss	single stranded	单链
SSC	sodium citrate-sodium chloride	氯化钠/柠檬酸钠(缓冲液)
Str	streptomycin	链霉素
TAE	Tris, acetate, EDTA buffer	乙酸盐缓冲液
Taq DNA	Thermus aquaticus DNA polymerase	栖热水生菌 DNA 聚合酶

续表

简　写	英　文	中　文
TBE	Tris，borate，EDTA buffer	硼酸盐缓冲液
TE	Tris-EDTA(buffer)	Tris-EDTA(缓冲液)
TEMED	N，N，N'，N'-tetramethylethylenediamine	四甲基乙二胺
Tet	tetracycline	四环素
TLCK	tosyllysine chloromethyl ketone	甲苯磺酰赖氨酰氯甲酮
T_m	melting temperature	解链温度
Tn	transposon	转座子
TPCK	tosylphenyalanine chloromethyl ketone	甲苯磺酰苯丙氨酰氯甲酮
TPE	Tris，phosphate，EDTA buffer	磷酸盐缓冲液
Tris	Tris(hydroxymethyl) aminomethane	三羟甲基氨基甲烷
UV	ultraviolet	紫外线
UAS	upstream activating sequence	上游激活序列
XC	xylene cyanol FF	二甲苯青 FF
X-gal	5-bromo-4-chloro-3-indolyl-β-D-galactoside	5-溴-4-氯-3-吲哚-β-D-半乳糖苷
SDS-PAGE	SDS-polyacrylamide gel electrophoresis Southern blotting Northern blotting Western blotting	SDS-聚丙烯酰胺凝胶电泳 DNA 印迹 RNA 印迹 蛋白质印迹

附录 5　常用仪器设备

仪器设备名称	需要数
冷冻台式离心机(Eppendorf centrifuge 5417R)30 孔	2 台
落地式高速冷冻离心机	1 台
全自动高压蒸汽灭菌锅	1 台
PCR 仪(Eppendorf mastercycler gradient)96 孔	1 台
电子秤(Mettler Toledo PB2002-N 2100g)	1 台
电子秤(Mettler Toledo AB204-E 0.1mg)	1 台
DNA 电泳仪、电泳槽、制胶板	5 套
微量移液枪 0.5～10μl、20～200μl、100～1000μl (Gilson 或 Eppendorf)	各 15 支

续表

仪器设备名称	需要台数
移液枪 5000μl	5 支
凝胶成像分析系统	1 台
紫外透射反射分析仪	1 台
干式恒温金属浴	1 台
制冰机	1 台
超净台(带紫外灯)	5 台
生化培养箱	3 台
冰箱	3 台
核酸转移装置	5 个
蛋白质电泳仪器、电泳槽、制胶板(Bio-Radmini protean)	5 套
pH 计(Mettler)	1 台
超纯水仪(Millipore Milli-Q)	1 套
微波炉	2 台
干燥箱	2 台
水浴涡	3 台
恒温摇床	3 台
超声波清洗机	1 台
漩涡振荡器	8 台
台式脱色摇床	5 台
紫外分光光度计(微量)	1 台
Western 转移装置	5 套
分子杂交仪	2 台
磁力搅拌器	5 台
超声波破碎仪	2 台
塑料热封口器	1 台
−70℃冰箱	1 台
小型全自动发酵罐(NBS BioFlo 415 型原位灭菌发酵罐)	1 台

　　注：实验仪器设备的数量以 30 人一个班、2 个人一组进行实验计

附录6　梯度 PCR 仪的介绍及使用说明

　　从 PCR 原理可以看出,PCR 仪是可以快速升降温的精确温控仪器。通过温度变化控制 DNA 的变性和复性,并设计与模板 DNA 的 5'端结合的两条引物,加入 DNA 聚合酶、dNTP 就可以完成特定基因的体外复制,多次重复"变性解链—退火—合成延伸"的循环就可以以几何级数大量扩增特定的基因。

　　对于一个 PCR 反应,虽然有各种各样的 PCR 引物设计软件或者经验公式计算最适的退火温度,可是由于模板中碱基的组合千变万化,对于特殊片断,经验公式得到的数据不一定能扩增出来结果,细微的变化对结果都可能产生决定性的影响,因而"摸条件"一度是让人很头疼的问题。梯度 PCR 的出现部分解决了一些问题。例如,在反应过程中每个孔的温度控制条件可以在指定范围内按照梯度变化,根据结果,一步就可以摸索出最适合的反应条件。不单退火温度、连变性温度和延伸温度都可以优化,这对于多种聚合酶混合酶扩增如,

Invitrogen、Clontech、Promega 的多数高保真 Taq 酶来说这个非常重要,因为 Taq 酶和校正酶的最佳反应温度可能有显著差异,优化延伸温度就显得很重要。多次实验可在一台仪器上完成,既节省实验时间,提高效率,又节省实验成本。

　　现以为 MJ 公司的 PTC-200 梯度 PCR 仪(附图1)为例介绍常规操作。

　　1. 开机仪器自检,显示"Self Testing",约 10～15s 结束。此时若仪器不正常,则会显示故障信息。自检正常后,仪器进入初始菜单界面。

　　2. 各级菜单简介

附图1　PTC-200 梯度 PCR 仪

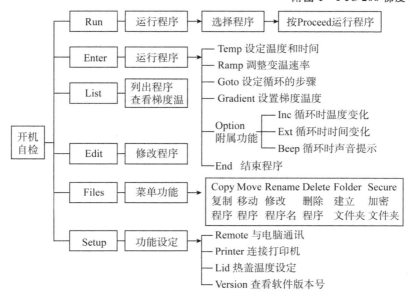

3. 举例

现举一个典型程序说明如何编程：

① 94℃　5min；

② 94℃　40s；

③ 58℃　30s；

④ 72℃　40s；

⑤ Goto ②,29 cycle(注：30 个循环,此处需输入 29)；

⑥ 72℃　10min；

⑦ 12℃　Forever(注：为了延长半导体加热制冷块的寿命,请尽量避免使用 4℃保存,请用 12℃保存)；

⑧ End。

编程过程如下(注意下划线"＿"位置即为当前选项,按选择键"＜"、"＞"来改变当前选项)：

① 从主菜单中选择 Enter；

② 给程序起名字(按"＜"、"＞"改变字母)；

③ 在 Step 1 中选择 TEMP,然后输入 94,在下一个界面中输入时间 5：00；

④ 在 Step 2 中选择 TEMP,输入 94,再输入时间 0：40；

⑤ 在 Step 3 中选择 TEMP,输入 58,再输入时间 0：30；

⑥ 在 Step 4 中选择 TEMP,输入 72,再输入时间 0：40；

⑦ 在 Step 5 中选择 Goto,输入 2,再输入循环数 29；

⑧ 在 Step 6 中选择 TEMP,输入 72,再输入时间 10：00；

⑨ 在 Step 7 中选择 TEMP,输入 12,再输入时间 0(输入 0 即为 Forever)；

⑩ 在 Step 8 中选择 End 结束。

4. Option(附属)功能简介

编程时选择 Option 后出现 3 个附属功能：Increment、Extend 是用于循环程序时,每一次循环按一定的规律做时间、温度变化；Beep 是对某一步设置提示声音。

Inc(increment)：用于温度延伸或缩短,每个循环的温度变化在 0.1～1℃任选一值,输入正值为温度延伸,输入负值为温度缩短,例如选择"Inc"后出现：

```
Step 5
℃/cycles    ＋
```

这时可输入温度的变化率,例如增加 0.1℃,则输入"0.1"。如果每个循环减少 0.1℃,需先按"－",再输入"0.1",此时显示：

```
Step 5
℃/cycles    －0.1
```

再按"proceed"确认。

Ext(extend)：与上述同理,只不过是时间的变化。范围为每个循环 1～60s。

Beep：为对某一步设置提示声音，程序运行到这一步时会"嘀"的响一声。

5．仪器使用注意事项

本机重量轻、体积小。由于本机采用半导体双向控温技术，由机器内风机散热，故不得堵塞仪器两侧及底部的通风口，并应远离热源及易燃易爆物品，避免将液体渗入仪器内部。正确的使用环境温度 4～32℃，相对湿度 20％～80％，尽量避免于 4℃使用过夜，以免影响仪器的寿命，建议于 10～15℃使用过夜。本机采用开关电源，适用电压范围宽，交流电压100～240V 均可正常工作，频率为 50/60Hz，电源线为三线制，必须有可靠接地。

6．清洁及保养

（1）应该使用中性肥皂溶液清洗基座上面的孔穴，避免使用强碱、浓酒精和有机溶剂溶液。

（2）应保持本机下面及其左右散热窗无其他物品，机器在使用一段时间后散热窗上将粘附一些灰尘，应及时清理。

（3）基座应经常清理，基座孔穴内一旦存积一些反应物残渣，将影响温度响应，建议用棉布定期擦洗。

7．更换保险丝

本机备有两根保险丝，一旦损坏，可参看以下程序更换：

取下电源线，这时电源开关应置"0"位。用一字小改锥小心地撬开机器电源插座组件上的小盖。看到两根慢熔保险丝，如有损坏，则更换，按保险丝座上的白色箭头指示方向重新插入，安装回原位。